百种甲虫生态图册

(不包括叶甲和象虫总科)

NATURAL HISTORY OF BEETLES(exclude Chrysomeloidea & Curculionoidea) :A 100-SPECIES PHOTOGRAPHIC GUIDE

张润志　杨星科　王兴民　路园园◎著

长江出版传媒　湖北科学技术出版社

图书在版编目（CIP）数据

百种甲虫生态图册 ： 不包括叶甲和象虫总科 / 张润志等著． -- 武汉 ： 湖北科学技术出版社， 2024． 7．
ISBN 978-7-5706-3351-7

Ⅰ． Q969．48-64

中国国家版本馆 CIP 数据核字第 20246V3T34 号

百种甲虫生态图册（不包括叶甲和象虫总科）
BAIZHONG JIACHONG SHENGTAI TUCE(BU BAOKUO YEJIA HE XIANGCHONG ZONGKE)

责任编辑：彭永东　胡　静
责任校对：李子皓　　　　　　　　封面设计：胡　博

出版发行：湖北科学技术出版社
地　　址：武汉市雄楚大街 268 号（湖北出版文化城 B 座 13—14 层）
电　　话：027-87679468　　　　　　　　邮　　编：430070

印　　刷：武汉市华康印务有限责任公司　　　　　邮　　编：430021

787×1092　1/16　　　21．75 印张　　360 千字
2024 年 7 月第 1 版　　　　2024 年 7 月第 1 次印刷
定　　价：560．00 元

（本书如有印装问题，可找本社市场部更换）

About The Authors

作者简介

张润志　男，1965 年 6 月生。中国科学院动物研究所研究员、中国科学院大学教授、博士生导师。2005 年获得国家杰出青年基金项目资助，2011 年获得中国科学院杰出科技成就奖，2019 年获得庆祝中华人民共和国成立 70 周年纪念章。主要从事鞘翅目象虫总科系统分类学研究以及外来入侵昆虫的鉴定、预警、检疫与综合治理技术研究。先后主持国家科技支撑项目、中国科学院知识创新工程重大项目、国家自然科学基金重点项目等。独立或与他人合作发表萧氏松茎象 *Hylobitelus xiaoi* Zhang 等新物种 148 种，获国家科技进步二等奖 3 项（其中 2 项为第一完成人，1 项为第二完成人），发表学术论文 200 余篇，出版专著、译著等 20 余部。

张润志

杨星科　男，1958 年 10 月生。中国科学院动物研究所研究员、广东省科学院动物研究所学术所长、博士生导师。主要从事鞘翅目叶甲总科、金龟总科等系统分类学研究，先后发表有关研究报告或论文 460 余篇，发现新属 3 个、新种 190 余个。出版主编《甘肃省叶甲科昆虫志》《中国动物志 脉翅目 草蛉科》《秦岭西段及甘南地区昆虫》《外来入侵种强大小蠹》《广西十万大山昆虫》《西藏雅鲁藏布大峡谷昆虫》《长江三峡库区昆虫》《昆虫学研究进展》等专著 23 部。

杨星科

王兴民　男，1982 年 2 月生。华南农业大学植物保护学院教授、生物防治教育部工程研究中心主任、博士生导师。主要从事瓢虫科昆虫分类、害虫生物防治等方面的研究。主持科技部科技基础专项“粤港澳大湾区生物多样性调查”课题、国家自然科学基金、科学技术部对发展中国家援助项目等 40 余项，发表学术论文 70 余篇，描述发表瓢虫新种 200 余个，出版专著《中国瓢虫图鉴》(2022)、《中国瓢虫原色图鉴》(2009) 等 4 部。

王兴民

路园园　女，1990 年 10 月生。中国科学院动物研究所助理研究员。主要从事鞘翅目金龟总科系统分类研究，发表研究论文 30 余篇，描记新物种 10 余种，主持国家自然科学基金青年及面上项目，参与科学技术部科技基础资源调查专项等。参与《武夷山金龟志》《秦岭昆虫志》《天目山动物志》等专著的编写工作。

路园园

Preface

前　言

甲虫是昆虫纲鞘翅目（Coleoptera）昆虫的通称，它们通常前翅角质硬化，被称作“鞘翅”而得名。甲虫是昆虫纲中种类最多的一个类群，已记录的种类超过45万种，被分为4个亚目180多个科。甲虫体型变化很大，从最小的不足0.5mm到最大的15cm以上。虽然甲虫前翅硬化用于保护身体，但很多种类的后翅膜质，用于飞翔。甲虫的成虫和幼虫食性极其复杂，植食、肉食、腐食、粪食、尸食和寄生的种类都有，许多植食性甲虫是重要的农林害虫，危害种子、块根、幼苗、茎干、叶片、贮粮等，而捕食性甲虫有很多是害虫天敌。

本书提供了原鞘亚目（Archostemata）、肉食亚目（Adephaga）和多食亚目（Polyphaga）的鞘翅目昆虫123种，其中原鞘亚目1种，肉食亚目10种，多食亚目111种。肉食亚目中包括两栖甲科、龙虱科、虎甲科和步甲科共4个科的种类，多食亚目中包括水龟总科、金龟总科、隐翅虫总科、丸甲总科、叩甲总科、吉丁总科、郭公甲总科、瓢虫总科、拟步甲总科和扁甲总科共10个总科的种类。全书共使用图片620幅，在提供了每种昆虫中文名称和学名的基础上，每张图片均标注了拍摄时间和地点等信息，所有图片均为张润志拍摄。

本书图片的拍摄和图册的出版，得到了国家科技基础资源调查专项“主要草原区有害昆虫多样性调查（编号2019FY100400）”的支持。在物种的鉴定过程中，得到任国栋教授、贾凤龙教授、潘昭教授、周红章研究员、白明研究员、边冬菊研究员、黄敏教授、万霞教授、杨玉霞教授、彭中亮研究员、梁红斌副研究员、刘浩宇博士、刘万岗博士、李莎博士、姜春燕博士等的大力帮助，特别要提及的是赵守岐研究员、李义哲博士、巫鹏翔博士、巴音克西克先生以及郗续、周润等协助采集了部分标本，对以上所有人员，在此表示衷心的感谢！

张润志、杨星科、王兴民、路园园

2023年12月31日

目 录

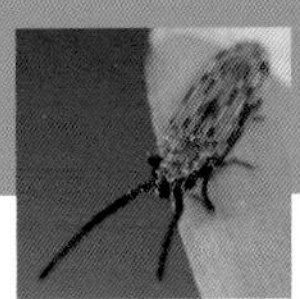

❶ 长扁甲 *Tenomerga anguliscutis* (Kolbe)

2019 年 6 月 7 日，河北昌黎县

2019 年 6 月 7 日，河北昌黎县

2019 年 6 月 7 日，河北昌黎县

2019 年 6 月 7 日，河北昌黎县

2019 年 6 月 7 日，河北昌黎县，腹面

2019 年 6 月 7 日，河北昌黎县

❷ 大卫两栖甲 *Amphizoidae davidi* Lucas

原鞘亚目
肉食亚目
两栖甲科 >
多食亚目
水龟总科
金龟总科
隐翅虫总科
丸甲总科
叩甲总科
吉丁总科
郭公甲总科
瓢虫总科
拟步甲总科
扁甲总科

2015 年 6 月 18 日，吉林长白山

③ 黄缘真龙虱 *Cybister bengalensis* Aube

2020 年 3 月 14 日，北京通州区东郊湿地公园

2020 年 3 月 14 日，北京通州区东郊湿地公园

④ 灰齿缘龙虱 *Eretes griseus* (Fabricius)

2020 年 4 月 25 日，北京密云区大城子

⑤ 中华虎甲 *Cicindela chinenesis* Degeer

2014 年 8 月 5 日，湖北郧西县牛儿山村

2014 年 8 月 5 日，湖北郧西县牛儿山村

2014 年 8 月 5 日，湖北郧西县牛儿山村

2014 年 8 月 5 日，湖北郧西县牛儿山村

2014 年 8 月 5 日，湖北郧西县牛儿山村

2014 年 8 月 5 日，湖北郧西县牛儿山村

2014 年 8 月 5 日，湖北郧西县牛儿山村

2014 年 8 月 5 日，湖北郧西县牛儿山村

2014 年 8 月 5 日，湖北郧西县牛儿山村

原鞘亚目
肉食亚目
虎甲科 >
多食亚目
水龟总科
金龟总科
隐翅虫总科
丸甲总科
叩甲总科
吉丁总科
郭公甲总科
瓢虫总科
拟步甲总科
扁甲总科

2014 年 8 月 5 日，湖北郧西县牛儿山村

2014 年 8 月 5 日，湖北郧西县牛儿山村

⑥ 芽斑虎甲 *Cicindela gemmata* Faldermann

2015 年 6 月 18 日，吉林长白山

2015 年 6 月 18 日，吉林长白山

2015 年 6 月 18 日，吉林长白山

⑦ 拉步甲 *Carabus lafossei* Feisthamel

2003 年 4 月 17 日，安徽宣城市

⑧ 清津步甲 *Carabus seishinensis* Lapouge

2015 年 6 月 18 日，吉林长白山

⑨ 黄斑青步甲 *Chlaenius micans* (Fabricius)

2022 年 8 月 17 日，山东长岛县

2022 年 8 月 17 日，山东长岛县

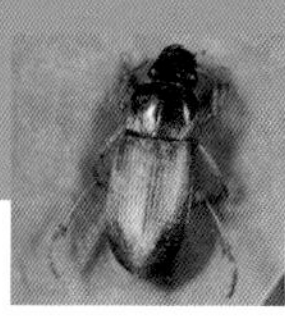

⑩ 谷婪步甲 *Harpalus calceatus* (Duftschmid)

2022 年 7 月 8 日，北京朝阳区大屯路

2022 年 7 月 8 日，北京朝阳区大屯路

2022 年 7 月 8 日，北京朝阳区大屯路

2022 年 8 月 24 日，内蒙古锡林浩特市

2022 年 8 月 24 日，内蒙古锡林浩特市

2022 年 8 月 24 日，内蒙古锡林浩特市

⑪ 草原婪步甲 *Harpalus pastor* Motschulsky

2022 年 8 月 17 日，山东长岛县

2022 年 8 月 17 日，山东长岛县

2022 年 8 月 17 日，山东长岛县

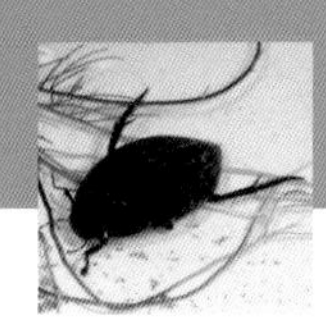

⑫ 尖突牙甲 *Hydrophilus acuminatus* (Motschulsky)

2019 年 6 月 23 日，北京海淀区翠湖湿地公园

2019 年 6 月 23 日，北京海淀区翠湖湿地公园

2019 年 6 月 23 日，北京海淀区翠湖湿地公园

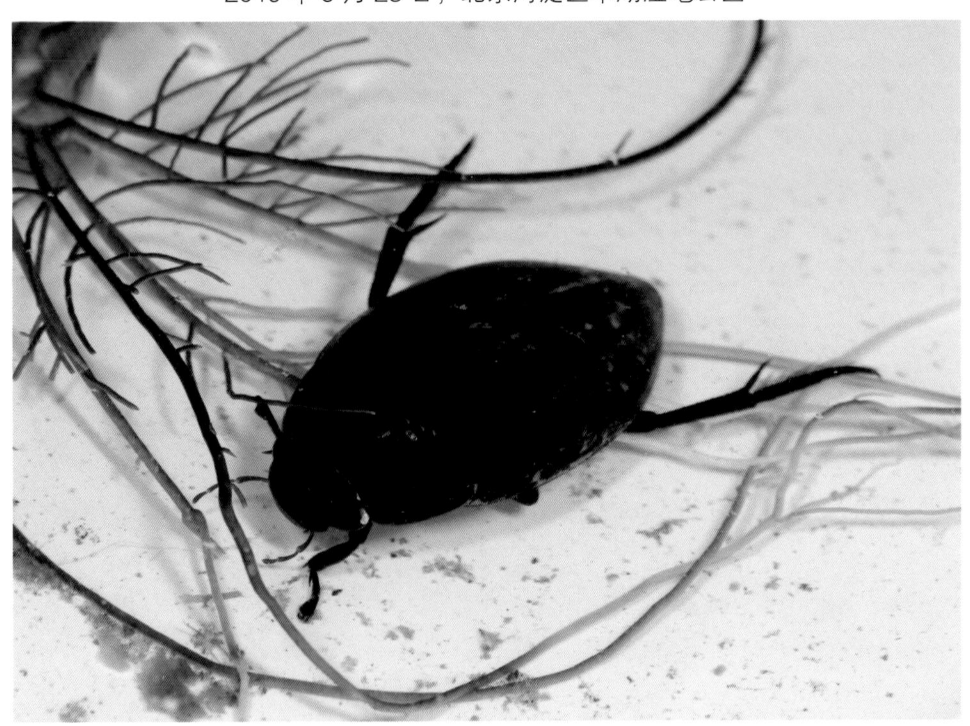

2019 年 6 月 23 日，北京海淀区翠湖湿地公园

⑬ 齿瘦黑蜣 *Leptaulax dentatus* (Fabricius)

2018 年 5 月 18 日，广西龙胜县大塘湾

2018 年 5 月 18 日，广西龙胜县大塘湾

原鞘亚目

肉食亚目

多食亚目

水龟总科

金龟总科

< 黑蜣科

隐翅虫总科

丸甲总科

叩甲总科

吉丁总科

郭公甲总科

瓢虫总科

拟步甲总科

扁甲总科

2018 年 5 月 18 日，广西龙胜县大塘湾

2018 年 5 月 18 日，广西龙胜县大塘湾

⑭ 碟环锹甲 *Cyclommatus scutellaris* Möllenkamp

2020 年 8 月 17 日，广西龙胜县花坪自然保护区

2020 年 8 月 17 日，广西龙胜县花坪自然保护区

2020 年 8 月 17 日，广西龙胜县花坪自然保护区

2020 年 8 月 17 日，广西龙胜县花坪自然保护区

⑮ 黄毛小刀锹甲 *Dorcus mellianus* (Kriesche)

2020 年 8 月 17 日，广西龙胜县花坪自然保护区

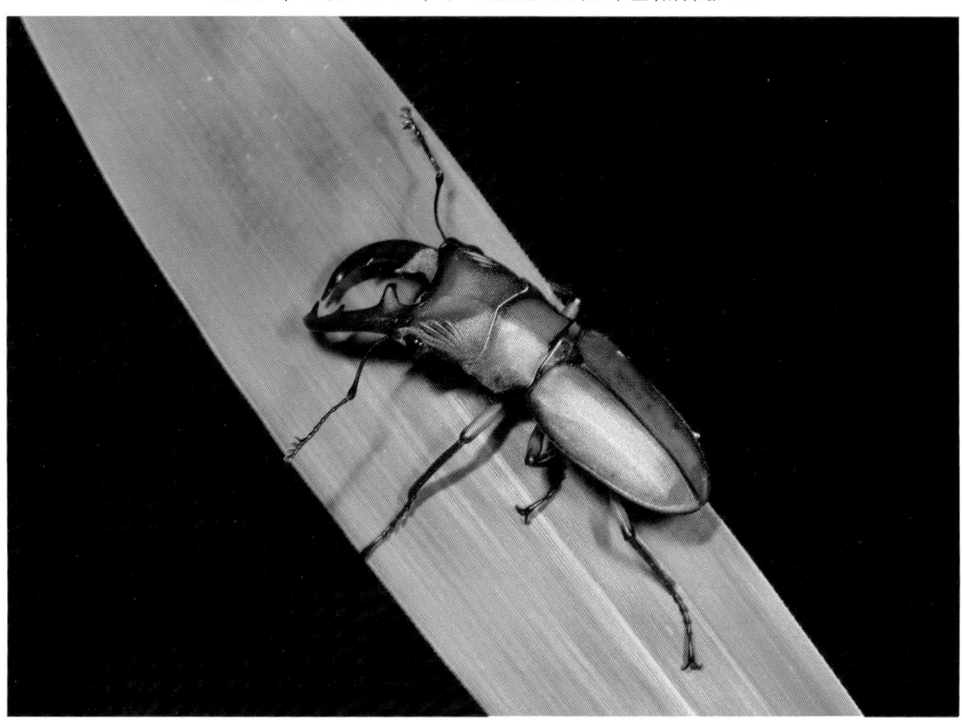

2020 年 8 月 17 日，广西龙胜县花坪自然保护区

2020 年 8 月 17 日，广西龙胜县花坪自然保护区

2020 年 8 月 17 日，广西龙胜县花坪自然保护区

2020 年 8 月 17 日，广西龙胜县花坪自然保护区

2020 年 8 月 17 日，广西龙胜县花坪自然保护区

2020 年 8 月 17 日，广西龙胜县花坪自然保护区

2020 年 8 月 17 日，广西龙胜县花坪自然保护区

⑯ 亮光新锹甲 *Neolucanus nitidus* Saunders

2017 年 6 月 1 日，湖南保靖县

2017 年 6 月 1 日，湖南保靖县

⑰ 黄褐前锹甲 *Prosopocoilus blanchardi* Parry

2014 年 8 月 2 日，陕西旬阳县，雄

2014 年 8 月 2 日，陕西旬阳县，雄

2014 年 8 月 2 日，陕西旬阳县，雄

2014 年 8 月 2 日，陕西旬阳县，雄

2014 年 8 月 2 日，陕西旬阳县，雄

2014 年 8 月 2 日，陕西旬阳县，雄

2014年8月2日，陕西旬阳县，雌

2014年8月2日，陕西旬阳县，雌

2020 年 6 月 11 日，四川金川县，雄

2020 年 6 月 11 日，四川金川县，雄

⑱ 阳彩臂金龟 *Cheirotonus jansoni* Jordan

2020 年 8 月 17 日，广西龙胜县

2020 年 8 月 17 日，广西龙胜县

2020 年 8 月 17 日，广西龙胜县

2020 年 8 月 17 日，广西龙胜县

2020 年 8 月 17 日，广西龙胜县

2020 年 8 月 17 日，广西龙胜县

2020 年 8 月 17 日，广西龙胜县

2020 年 8 月 17 日，广西龙胜县

2020 年 8 月 17 日，广西龙胜县，头胸腹面和触角

2020 年 8 月 17 日，广西龙胜县，前胸背板边缘的齿

2020 年 8 月 17 日，广西龙胜县，胫节和附节

2020 年 8 月 17 日，广西龙胜县，胫节端次刺

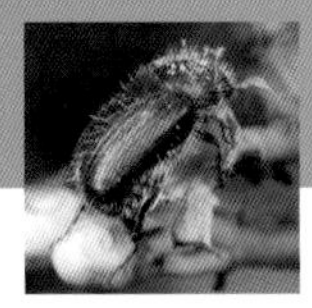

⑲ 毛绢金龟 *Anomallophylla* sp.

2018 年 7 月 18 日，西藏林芝市

原鞘亚目

肉食亚目

多食亚目

水龟总科

金龟总科

< 金龟科
鳃金龟亚科↵

隐翅虫总科

丸甲总科

叩甲总科

吉丁总科

郭公甲总科

瓢虫总科

拟步甲总科

扁甲总科

⑳ 平爪鳃金龟 *Ectinohoplia* sp.

2019 年 5 月 4 日，湖北利川市

2019 年 5 月 4 日，湖北利川市

2019 年 5 月 4 日，湖北利川市

㉑ 二色希鳃金龟 *Hilyotrogus bicoloreus* (Heyden)

2021 年 6 月 20 日，天津宝坻区

2021 年 6 月 20 日，天津宝坻区

2021 年 6 月 20 日，天津宝坻区

2021 年 6 月 20 日，天津宝坻区，头部

2021 年 6 月 20 日，天津宝坻区，头部

2021 年 6 月 20 日，天津宝坻区，触角

㉒ 华北大黑鳃金龟 *Holotrichia oblita* (Faldermann)

2022 年 5 月 18 日，北京朝阳区大屯路

2022 年 5 月 18 日，北京朝阳区大屯路

2022年5月18日，北京朝阳区大屯路

2022年5月18日，北京朝阳区大屯路

2022 年 5 月 18 日，北京朝阳区大屯路

2022 年 5 月 18 日，北京朝阳区大屯路

㉓ 单爪鳃金龟 *Hoplia* sp.

原鞘亚目

肉食亚目

多食亚目

水龟总科

金龟总科

金龟科 >

↳鳃金龟亚科

隐翅虫总科

丸甲总科

叩甲总科

吉丁总科

郭公甲总科

瓢虫总科

拟步甲总科

扁甲总科

2020 年 6 月 10 日，四川理县，苹果

2020 年 6 月 10 日，四川理县，苹果

㉔ 拉鳃金龟属 *Lasiopsis* sp.

2022 年 8 月 10 日，内蒙古锡林浩特市

2022 年 8 月 10 日，内蒙古锡林浩特市

2022 年 8 月 10 日，内蒙古锡林浩特市

2022 年 8 月 10 日，内蒙古锡林浩特市

㉕ 东方玛绢金龟 *Maladera orientalis* (Motschulsky)

2022 年 5 月 23 日，北京朝阳区大屯路，蔷薇

2022 年 5 月 30 日，北京朝阳区奥林匹克森林公园

2022 年 5 月 30 日，北京朝阳区奥林匹克森林公园

2006 年 5 月 21 日，北京海淀区翠湖湿地公园

2006 年 5 月 21 日，北京海淀区翠湖湿地公园

2022 年 5 月 2 日，北京密云区大城子，梨树

2022 年 5 月 2 日，北京密云区小峪村，核桃

2022 年 5 月 2 日，北京密云区小峪村，核桃

㉖ 异丽金龟属 *Anomala* sp.

2014 年 7 月 24 日，内蒙古新巴尔虎左旗

2014 年 7 月 24 日，内蒙古新巴尔虎左旗

2014 年 7 月 24 日，内蒙古新巴尔虎左旗

2014 年 7 月 24 日，内蒙古新巴尔虎左旗

2014 年 7 月 24 日，内蒙古新巴尔虎左旗

2014 年 7 月 24 日，内蒙古新巴尔虎左旗

2014 年 7 月 24 日，内蒙古新巴尔虎左旗

2014 年 7 月 24 日，内蒙古新巴尔虎左旗

2014 年 7 月 24 日，内蒙古新巴尔虎左旗

㉗ 角斑修丽金龟 *Ischnopopillia pusilla* (Arrow)

2018 年 7 月 20 日，西藏林芝市喇嘛岭寺

2018 年 7 月 20 日，西藏林芝市喇嘛岭寺

㉘ 牙丽金龟属 *Kibakoganea* sp.

2019 年 4 月 25 日，海南乐东黎族自治县尖峰岭，雄

2019 年 4 月 25 日，海南乐东黎族自治县尖峰岭，雄

原鞘亚目
肉食亚目
多食亚目
水龟总科
金龟总科
金龟科 >
丽金龟亚科
隐翅虫总科
丸甲总科
叩甲总科
吉丁总科
郭公甲总科
瓢虫总科
拟步甲总科
扁甲总科

2019 年 4 月 25 日，海南乐东黎族自治县尖峰岭，雄

2019 年 4 月 25 日，海南乐东黎族自治县尖峰岭，雌

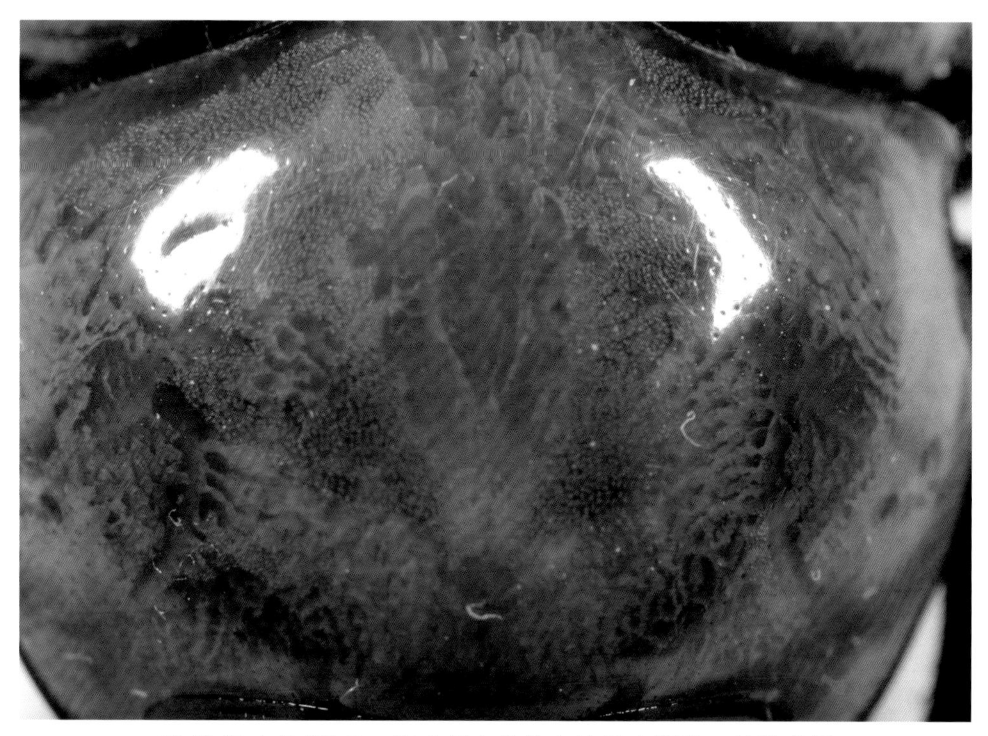

2019 年 4 月 25 日，海南乐东黎族自治县尖峰岭，前胸背板

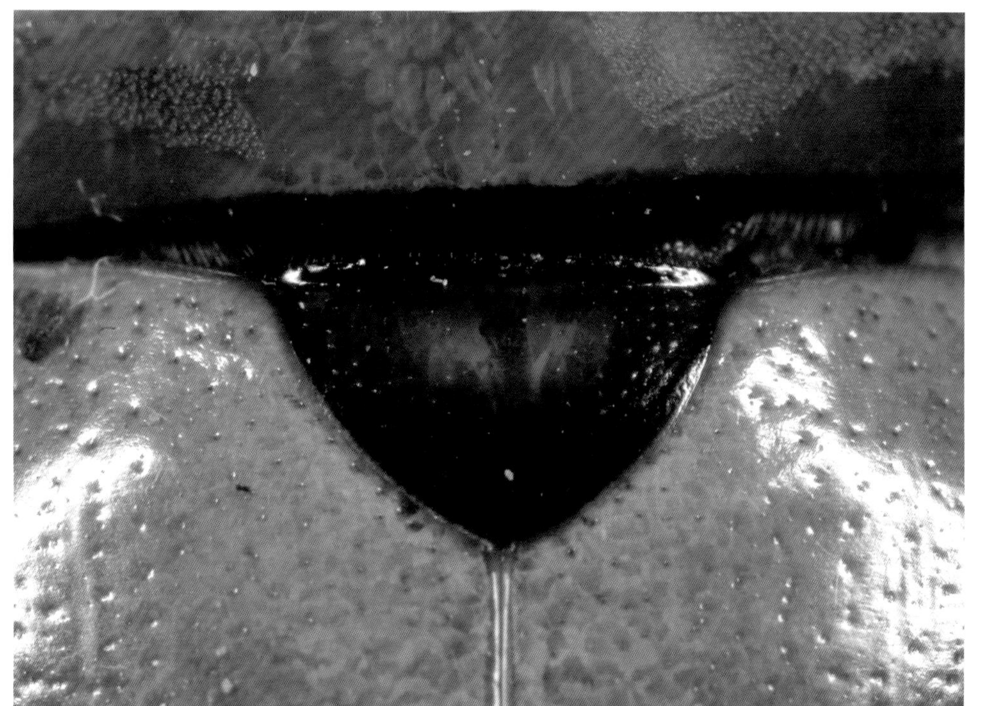

2019 年 4 月 25 日，海南乐东黎族自治县尖峰岭，小盾片

㉙ 浅褐彩丽金龟 *Mimela trstaceoviridis* Blanchard

2020 年 7 月 4 日，北京怀柔区，板栗

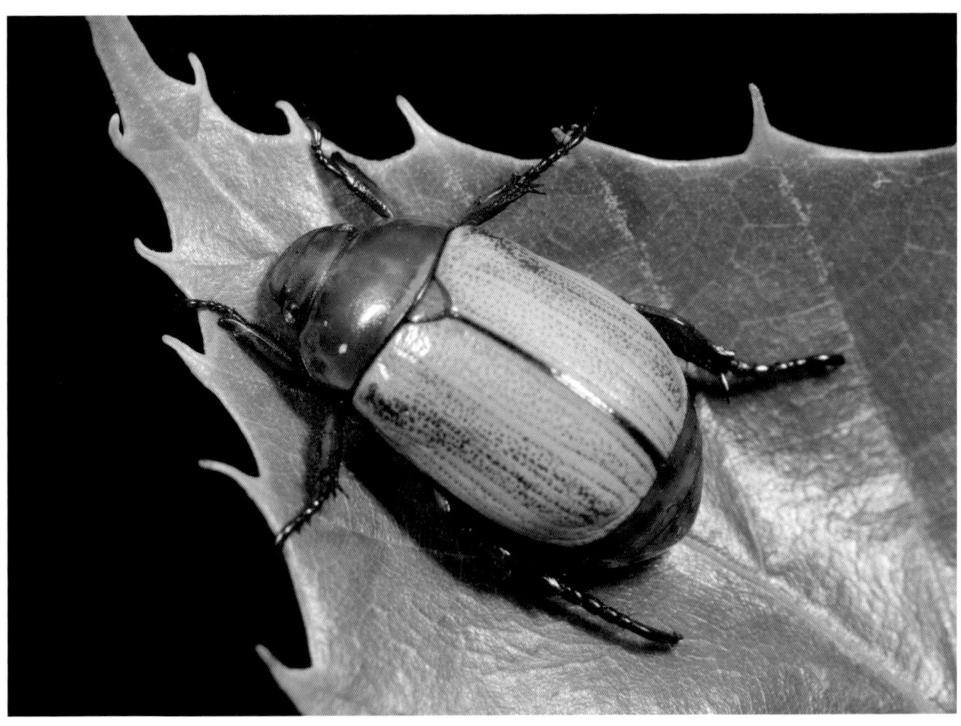

2020 年 7 月 4 日，北京怀柔区，板栗

原鞘亚目
肉食亚目
多食亚目
水龟总科
金龟总科
金龟科
丽金龟亚科
隐翅虫总科
丸甲总科
叩甲总科
吉丁总科
郭公甲总科
瓢虫总科
拟步甲总科
扁甲总科

2020 年 7 月 4 日，北京怀柔区，板栗

2020 年 7 月 4 日，北京怀柔区，板栗

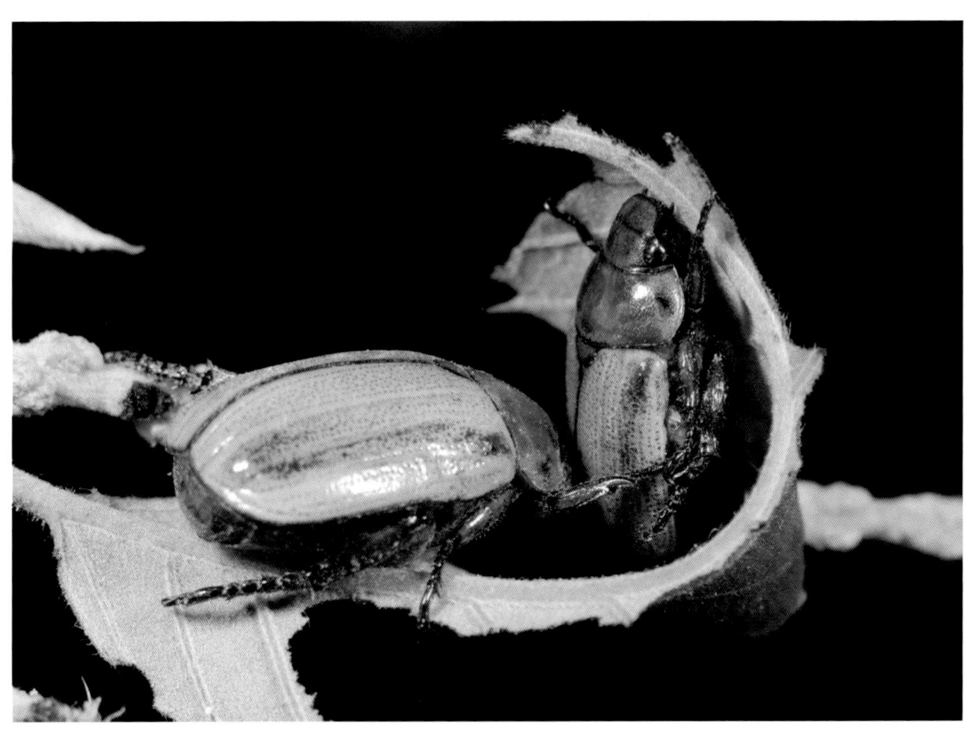

2022 年 6 月 18 日，北京怀柔区黄花城，板栗

2022 年 6 月 18 日，北京怀柔区黄花城，板栗

㉚ 园林发丽金龟 *Phyllopertha horticola* (Linnaeus)

2021 年 6 月 27 日，北京门头沟区妙峰山

2021 年 6 月 28 日，北京门头沟区妙峰山

2021 年 6 月 28 日，北京门头沟区妙峰山

2021 年 6 月 28 日，北京门头沟区妙峰山

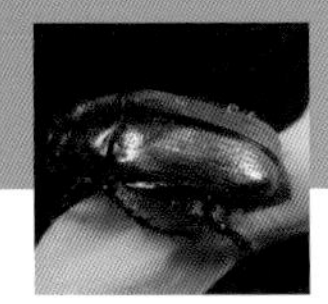

㉛ 发丽金龟属 *Phyllopertha* sp.

2018 年 7 月 19 日，西藏林芝市鲁朗牧场

2018 年 7 月 19 日，西藏林芝市鲁朗牧场

㉜ 中华弧丽金龟 *Popillia quadriguttata* Fabricius

2022 年 7 月 31 日，北京怀柔区城市森林公园

2022 年 7 月 31 日，北京怀柔区城市森林公园，榆树

2022 年 7 月 31 日，北京怀柔区城市森林公园，紫薇

2022 年 7 月 31 日，北京怀柔区城市森林公园，紫薇

2022 年 7 月 31 日，北京怀柔区城市森林公园，紫薇

2022 年 7 月 31 日，北京怀柔区城市森林公园，紫薇

2022 年 7 月 31 日，北京怀柔区城市森林公园，紫薇

2022 年 7 月 31 日，北京怀柔区城市森林公园，紫薇

2016 年 8 月 12 日，吉林省吉林市

2016 年 8 月 12 日，吉林省吉林市

2016 年 8 月 12 日，吉林省吉林市

2016 年 8 月 12 日，吉林省吉林市

㉝ 双叉犀金龟 *Allomyrina dichotoma* (Linnaeus)

2014 年 8 月 2 日，陕西旬阳县，雄

原鞘亚目

肉食亚目

多食亚目

水龟总科

金龟总科

金龟科 >

⤷ 犀金龟亚科

隐翅虫总科

丸甲总科

叩甲总科

吉丁总科

郭公甲总科

瓢虫总科

拟步甲总科

扁甲总科

2014 年 8 月 2 日，陕西旬阳县，雄

2014 年 8 月 2 日，陕西旬阳县，雌

2014 年 8 月 2 日，陕西旬阳县，雌

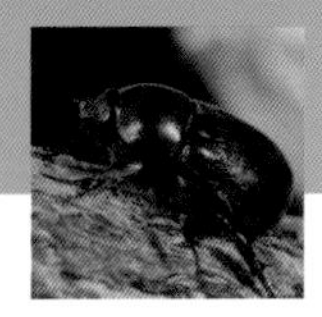

㉞ 双齿禾犀金龟 *Pentodon bidens* Pallas

2018 年 8 月 5 日，哈萨克斯坦杜本斯卡亚

2018 年 8 月 5 日，哈萨克斯坦杜本斯卡亚

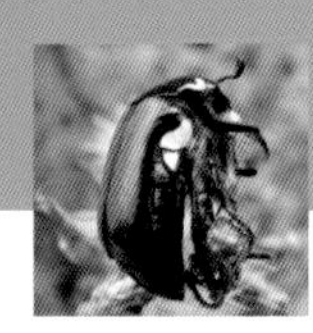

㉟ 赭翅臀花金龟 *Campsiura mirabilis* (Faldermann)

2001 年 6 月 15 日，北京昌平区

2011 年 9 月 15 日，北京门头沟区妙峰山

㊱ 金花金龟 *Cetonia aurata aurata* Linnaeus

2017 年 7 月 19 日，新疆新源县

2009 年 5 月 18 日，新疆阿勒泰市

2016 年 7 月 29 日，新疆塔城市巴克图口岸

2016 年 7 月 29 日，新疆塔城市巴克图口岸

㊲ 长毛花金龟 *Cetonia magnifica* Ballion

2021 年 6 月 26 日，北京朝阳区奥林匹克森林公园

2021 年 6 月 26 日，北京朝阳区奥林匹克森林公园

2021 年 6 月 26 日，北京朝阳区奥林匹克森林公园

2021 年 6 月 26 日，北京朝阳区奥林匹克森林公园

2021 年 6 月 27 日，北京门头沟区妙峰山，暴马丁香

2020 年 6 月 13 日，北京怀柔区，板栗花

2020 年 6 月 13 日，北京怀柔区，板栗花

2020 年 6 月 13 日，北京怀柔区黄花城，板栗花

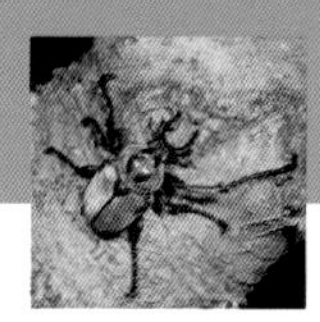

㊳ 宽带鹿花金龟 *Dicronocephalus adamsi* Pascoe

原鞘亚目
肉食亚目
多食亚目
水龟总科
金龟总科
金龟科 >
花金龟亚科
隐翅虫总科
丸甲总科
叩甲总科
吉丁总科
郭公甲总科
瓢虫总科
拟步甲总科
扁甲总科

2020 年 6 月 26 日，北京平谷区黄松峪水库

2020 年 6 月 26 日，北京平谷区黄松峪水库

2020 年 6 月 26 日，北京平谷区黄松峪水库

2020 年 6 月 26 日，北京平谷区黄松峪水库

2020 年 6 月 26 日，北京平谷区黄松峪水库

2020 年 6 月 26 日，北京平谷区黄松峪水库

2020 年 6 月 26 日，北京平谷区黄松峪水库

2020 年 6 月 26 日，北京平谷区黄松峪水库

2018 年 4 月 26 日，陕西宁强县

2018 年 4 月 26 日，陕西宁强县

2018 年 4 月 26 日，陕西宁强县

2018 年 4 月 26 日，陕西宁强县

2018 年 4 月 26 日，陕西宁强县

2018 年 4 月 26 日，陕西宁强县，（左）黄粉鹿花金龟和（右）宽带鹿花金龟

㊴ 黄粉鹿花金龟 *Dicronocephalus bowringi* Pascoe

2022 年 7 月 10 日，北京怀柔区黄花城

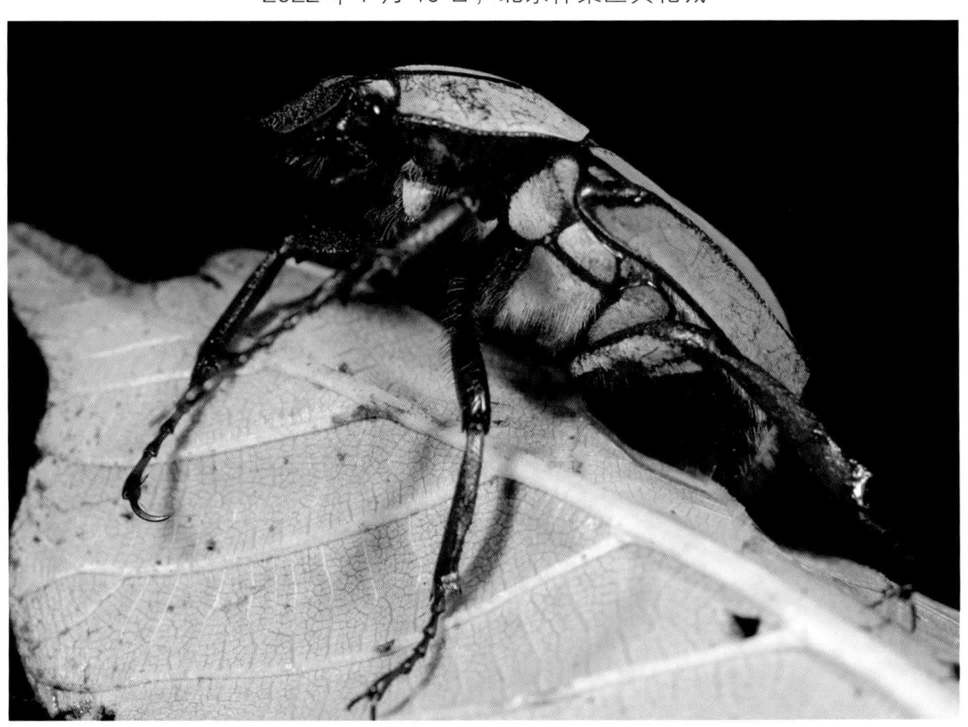

2022 年 7 月 10 日，北京怀柔区黄花城

2022 年 7 月 10 日，北京怀柔区黄花城

2022 年 7 月 10 日，北京怀柔区黄花城

2022 年 7 月 10 日，北京怀柔区黄花城

㊵ 穆平丽花金龟 *Euselates moupinensis* (Fairmaire)

2020 年 7 月 4 日，北京昌平区老君堂，荆条

2020 年 7 月 4 日，北京昌平区老君堂，荆条

2020 年 7 月 4 日，北京昌平区老君堂，荆条

2020 年 7 月 4 日，北京昌平区老君堂，荆条

2020 年 7 月 4 日，北京昌平区老君堂，荆条

2020 年 7 月 4 日，北京昌平区老君堂，荆条

㊶ 斑青花金龟 *Gametis bealiae* (Gory et Percheron)

2022 年 6 月 18 日，北京怀柔区黄花城，板栗

2022 年 6 月 18 日，北京怀柔区黄花城，板栗

㊷ 小青花金龟 *Gametis jucunda* (Faldermann)

2020 年 7 月 4 日，北京昌平区老君堂，荆条

2018 年 9 月 6 日，北京房山区蒲洼乡

2021 年 6 月 27 日，北京门头沟区妙峰山，暴马丁香

2022 年 10 月 4 日，北京门头沟区新乡村

2022 年 10 月 4 日，北京门头沟区新乡村

2020 年 8 月 30 日，北京怀柔区，八宝景天

2020 年 8 月 30 日，北京怀柔区，八宝景天

2020 年 8 月 30 日，北京怀柔区，八宝景天

2022 年 6 月 18 日，北京怀柔区黄花城，板栗

2022 年 6 月 18 日，北京怀柔区黄花城，板栗

2022 年 5 月 2 日，北京密云区海子村，黄栌

2022 年 5 月 2 日，北京密云区海子村，黄栌

㊸ 短毛斑金龟 *Lasiotrichius succinctus succinctus* (Pallas)

2020 年 6 月 25 日，北京密云区达峪沟村，艾蒿

2020 年 6 月 25 日，北京密云区达峪沟村，艾蒿

㊹ 星斑二齿金龟 *Oxythyrea cinctella cinctella* (Schaum)

2018 年 6 月 18 日，吉尔吉斯斯坦比什凯克

2018 年 6 月 18 日，吉尔吉斯斯坦比什凯克

㊺白星花金龟 *Protaetia brevitarsis* Lewis

2013 年 8 月 8 日，内蒙古锡林郭勒盟

2022 年 8 月 24 日，内蒙古锡林浩特市

2022 年 8 月 24 日，内蒙古锡林浩特市

2022 年 8 月 24 日，内蒙古锡林浩特市

2022 年 8 月 24 日，内蒙古锡林浩特市

2005 年 8 月 18 日，河北保定市

2022 年 8 月 17 日，山东长岛县，榆树

2022 年 8 月 17 日，山东长岛县，榆树

2016 年 7 月 28 日，新疆精河县，枸杞

2016 年 7 月 28 日，新疆精河县，枸杞

2016年7月28日，新疆精河县，枸杞

2016年7月28日，新疆精河县，枸杞

㊻ 东方星花金龟 *Protaetia orientalis* Gory et Percheron

2020 年 7 月 27 日，江苏扬州市

2020 年 7 月 27 日，江苏扬州市

2020 年 7 月 27 日，江苏扬州市

2015 年 9 月 9 日，贵州贵阳市花溪区

㊼ 草绿唇花金龟 *Trigonophorus rothschildii* Fairmaire

2012 年 9 月 4 日，贵州贵阳市花溪区

2012 年 9 月 4 日，贵州贵阳市花溪区

2012 年 9 月 4 日，贵州贵阳市花溪区

2012 年 9 月 4 日，贵州贵阳市花溪区

2012 年 9 月 4 日，贵州贵阳市花溪区

2012 年 9 月 4 日，贵州贵阳市花溪区

2012 年 9 月 4 日，贵州贵阳市花溪区

2012 年 9 月 4 日，贵州贵阳市花溪区

㊽ 颊脊隐翅虫 *Quedius* sp.

原鞘亚目

肉食亚目

多食亚目

水龟总科

金龟总科

隐翅虫总科
> 隐翅虫科 >

丸甲总科

叩甲总科

吉丁总科

郭公甲总科

瓢虫总科

拟步甲总科

扁甲总科

2021 年 6 月 27 日，北京门头沟区妙峰山，暴马丁香

2021 年 6 月 27 日，北京门头沟区妙峰山，暴马丁香

2021 年 6 月 27 日，北京门头沟区妙峰山，暴马丁香

㊾ 滨尸葬甲 *Necrodes littoralis* (Linnaeus)

2015 年 6 月 18 日，吉林长白山

㊿ 早熟沼泥甲 *Praehelichus* sp.

2018 年 8 月 6 日，哈萨克斯坦杜本斯卡亚

2018 年 8 月 6 日，哈萨克斯坦杜本斯卡亚

51 脉红萤 *Dictyoptera* sp.

2015 年 6 月 18 日，吉林长白山

2015 年 6 月 18 日，吉林长白山

2015 年 6 月 18 日，吉林长白山

52 赤缘吻红萤 *Lycostomus porphyrophorus* (Solsky)

2022 年 6 月 5 日，北京怀柔区黄花城

2022 年 6 月 5 日，北京怀柔区黄花城

2022 年 6 月 5 日，北京怀柔区黄花城

2022 年 6 月 5 日，北京怀柔区黄花城

2022 年 6 月 5 日，北京怀柔区黄花城

2022 年 6 月 5 日，北京怀柔区黄花城

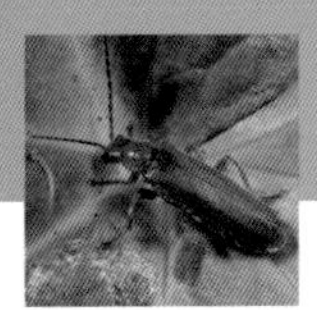

53 红缘花萤 *Cantharis rufa* Linnaeus

2022 年 5 月 1 日，北京昌平区沙河水库，酸模

2022 年 5 月 1 日，北京昌平区沙河水库，酸模

原鞘亚目

肉食亚目

多食亚目

水龟总科

金龟总科

隐翅虫总科

丸甲总科

叩甲总科

< 花萤科

吉丁总科

郭公甲总科

瓢虫总科

拟步甲总科

扁甲总科

2022年5月1日，北京昌平区沙河水库，酸模

2015年6月18日，吉林长白山

2015 年 6 月 17 日，吉林长白山

2015 年 6 月 19 日，吉林安图县老里克湖

54 红胸异花萤 *Lycocerus pubicollis* (Heyden)

2020 年 6 月 20 日，北京怀柔区喇叭沟门

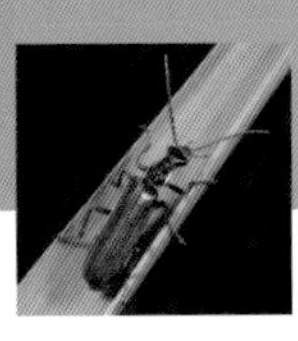

⑤⑤ 缘双齿花萤 *Podabrus marginellus* Motschulsky

2015 年 6 月 17 日，吉林长白山漫江镇

(56) 丝角花萤 *Rhagonycha* sp.

2014 年 7 月 14 日，波兰弗罗茨瓦夫

2014 年 7 月 14 日，波兰弗罗茨瓦夫

(57) 二疣槽缝叩甲 *Agrypnus binodulus* (Motschulsky)

2022 年 8 月 17 日，山东长岛县

2022 年 8 月 17 日，山东长岛县

2022 年 8 月 17 日，山东长岛县

58 暗足双脊叩甲 *Ludioschema obscuripes* (Gyllenhal)

2022 年 6 月 18 日，北京怀柔区黄花城

2022 年 7 月 10 日，北京怀柔区黄花城

2022 年 7 月 10 日，北京怀柔区黄花城

2020 年 6 月 26 日，北京平谷区黄松峪水库

2022 年 6 月 18 日，北京怀柔区黄花城

2022 年 7 月 10 日，北京怀柔区黄花城

59 贝氏闪叩甲 *Paraphotistus baerii* (Kuschakewitsch)

2015 年 6 月 19 日，吉林安图县老里克湖

⑥⓪ 沟线角叩甲 *Pleonomus canaliculatus* (Faldermann)

20213 月 23 日，北京朝阳区大屯路

20213 月 23 日，北京朝阳区大屯路

20213 月 23 日，北京朝阳区大屯路

20213 月 23 日，北京朝阳区大屯路

2022 年 4 月 4 日，北京怀柔区黄花城

2022 年 4 月 4 日，北京怀柔区黄花城

2022 年 4 月 4 日，北京怀柔区黄花城

2022 年 4 月 4 日，北京怀柔区黄花城

61 柳吉丁 *Agrilus pekinensis* Obenberger

2020 年 7 月 19 日，北京门头沟区妙峰山，胡枝子

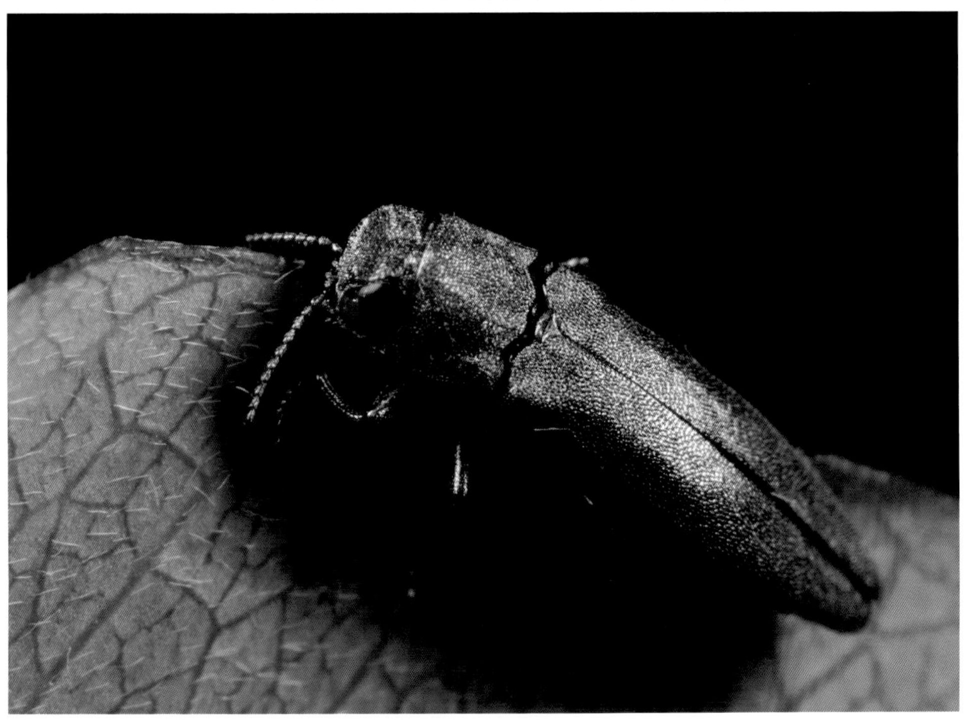

2020 年 7 月 19 日，北京门头沟区妙峰山，胡枝子

2020 年 7 月 19 日，北京门头沟区妙峰山，胡枝子

2020 年 7 月 19 日，北京门头沟区妙峰山，胡枝子

(62) 白蜡窄吉丁 *Agrilus planipennis* Fairmaire

2017 年 4 月 28 日，北京通州区，白蜡

2017 年 4 月 28 日，北京通州区，白蜡

2017 年 4 月 28 日，北京通州区，白蜡

2017 年 4 月 28 日，北京通州区，白蜡

2017 年 4 月 28 日，北京通州区，白蜡

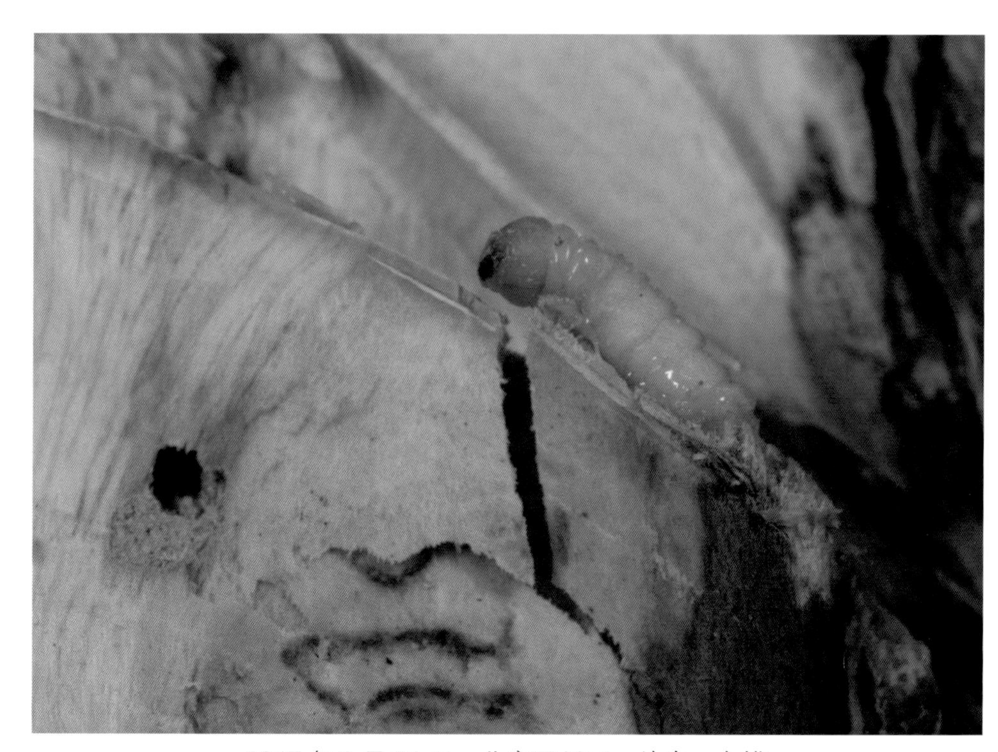

2017 年 3 月 31 日，北京通州区，幼虫，白蜡

2017 年 3 月 31 日，北京通州区，白蜡，受害状

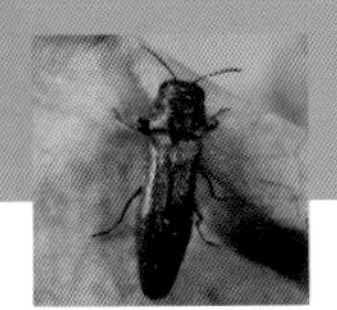

63 窄吉丁 *Agrilus* sp.

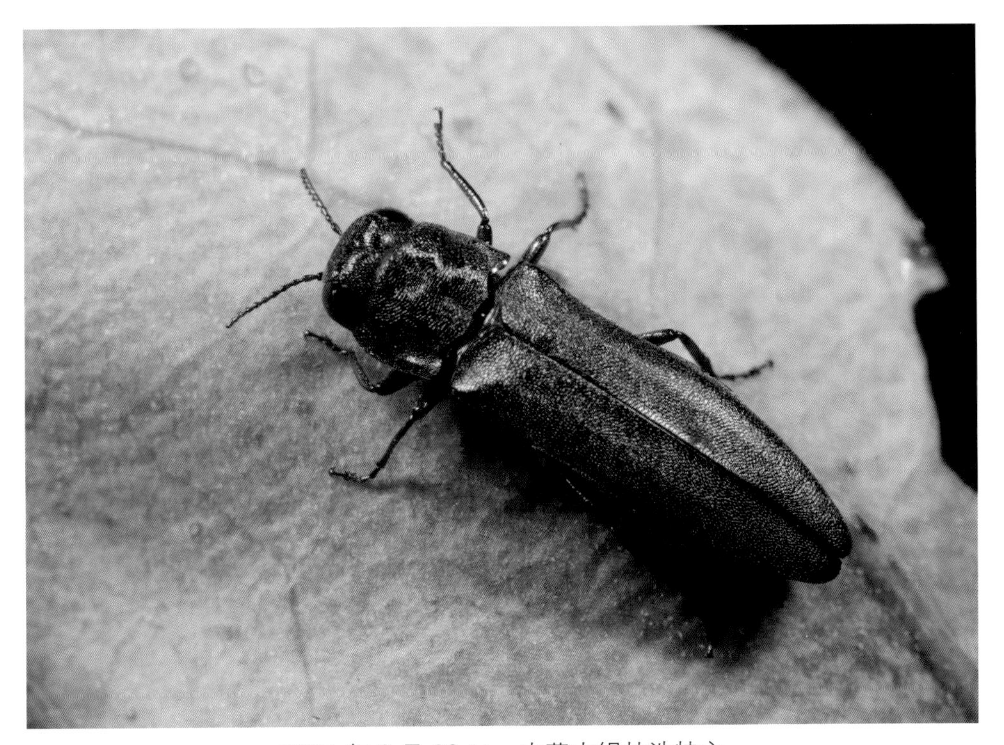

2021 年 8 月 20 日，内蒙古锡林浩特市

2021 年 8 月 20 日，内蒙古锡林浩特市

2021 年 8 月 20 日，内蒙古锡林浩特市

2021 年 8 月 20 日，内蒙古锡林浩特市

2021 年 8 月 20 日，内蒙古锡林浩特市

2021 年 8 月 20 日，内蒙古锡林浩特市

64 斜带吉丁 *Cyphosoma tataricum* Pall

2014 年 6 月 28 日，新疆北屯市

2014 年 6 月 28 日，新疆北屯市

2014 年 6 月 28 日，新疆北屯市

2014 年 6 月 28 日，新疆北屯市

⑥⑤ 天花吉丁 *Julodis variolaris* Pallas

2006 年 7 月 4 日，新疆阜康市，梭梭

2006 年 7 月 4 日，新疆阜康市，梭梭

2006 年 7 月 4 日，新疆阜康市，梭梭

2006 年 7 月 4 日，新疆阜康市，梭梭

(66) 金缘斑吉丁 *Lamprodila limbata* (Gebler)

原鞘亚目
肉食亚目
多食亚目
水龟总科
金龟总科
隐翅虫总科
丸甲总科
叩甲总科
吉丁总科
吉丁虫科 >
郭公甲总科
瓢虫总科
拟步甲总科
扁甲总科

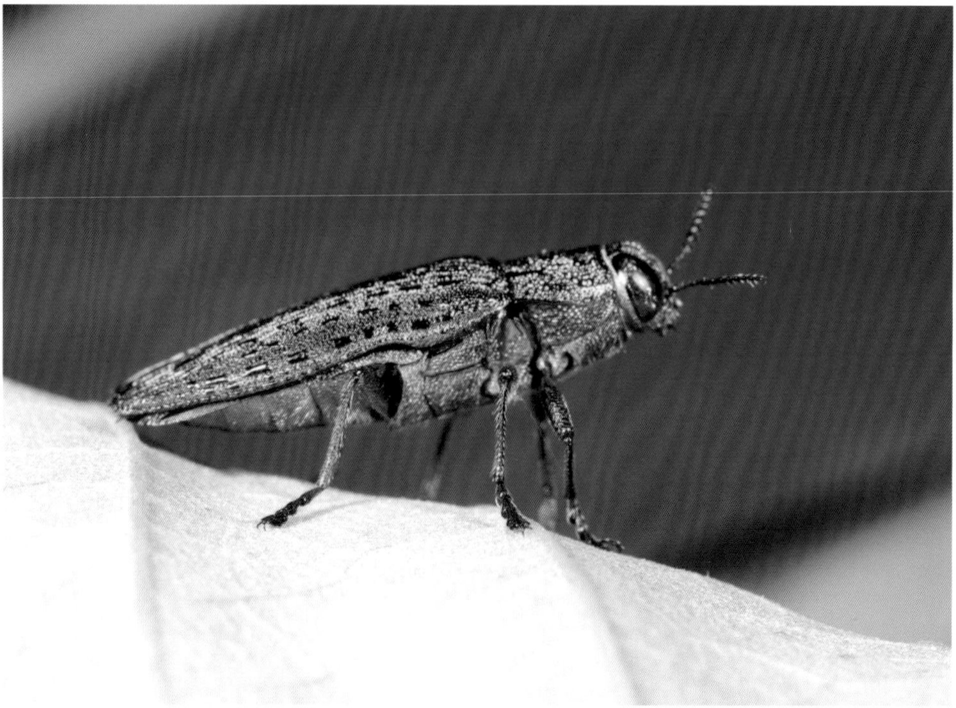

2022 年 6 月 18 日，北京怀柔区黄花城，杏树

2022 年 6 月 18 日，北京怀柔区黄花城，杏树

⑥⑦ 栎木斑吉丁 *Lamprodila virgata* (Motschulsky)

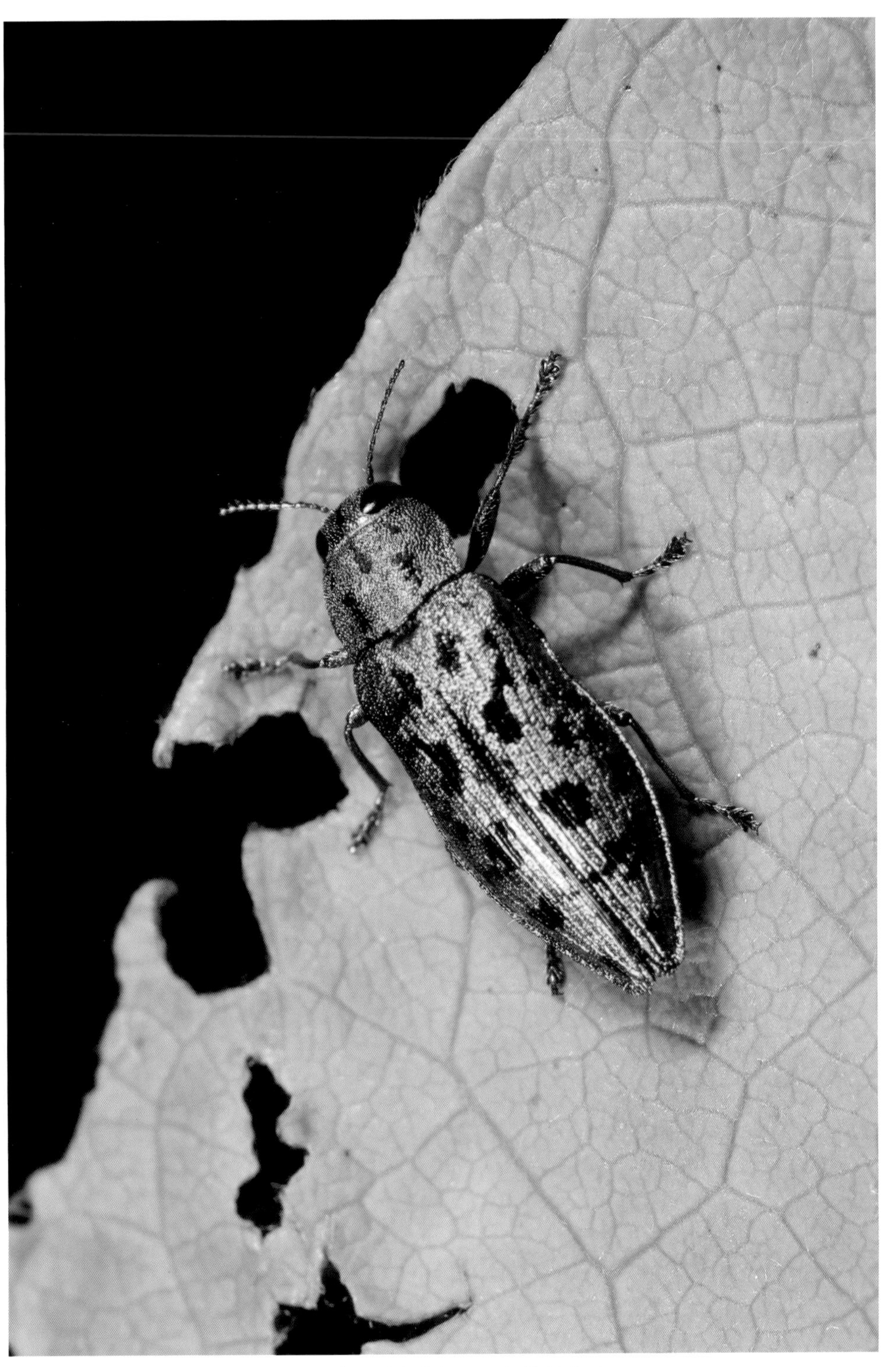

2015 年 6 月 17 日，吉林长白山

⑱ 中华食蜂郭公虫 *Trichodes sinae* Chevrolat

原鞘亚目
肉食亚目
多食亚目
水龟总科
金龟总科
隐翅虫总科
丸甲总科
叩甲总科
吉丁总科
郭公甲总科
郭公虫科 >
瓢虫总科
拟步甲总科
扁甲总科

2022 年 6 月 19 日，北京怀柔区黄花城

2020 年 7 月 19 日，北京门头沟区妙峰山

2020 年 7 月 19 日，北京门头沟区妙峰山

2020 年 6 月 25 日，北京密云区达峪沟村

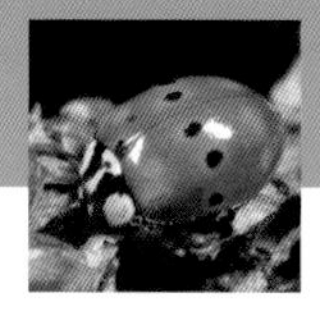

⑥⑨ 二星瓢虫 *Adalia bipunctata* (Linnaeus)

2018 年 7 月 18 日，西藏林芝市

2018 年 6 月 17 日，吉尔吉斯斯坦比什凯克

⑦⓪ 展缘异点瓢虫 *Anisosticta kobensis* Lewis

2020 年 7 月 14 日，北京海淀区翠湖湿地

2020 年 7 月 14 日，北京海淀区翠湖湿地

71 十五星裸瓢虫 *Calvia quinquedecimguttata* (Fabricius)

2021 年 6 月 6 日，北京朝阳区奥林匹克森林公园

(72) 六斑月瓢虫 *Cheilomenes sexmaculata* (Fabricius)

2021 年 5 月 13 日，广东广州市

2021 年 5 月 13 日，广东广州市

2021 年 5 月 13 日，广东广州市

2021 年 5 月 13 日，广东广州市，蛹

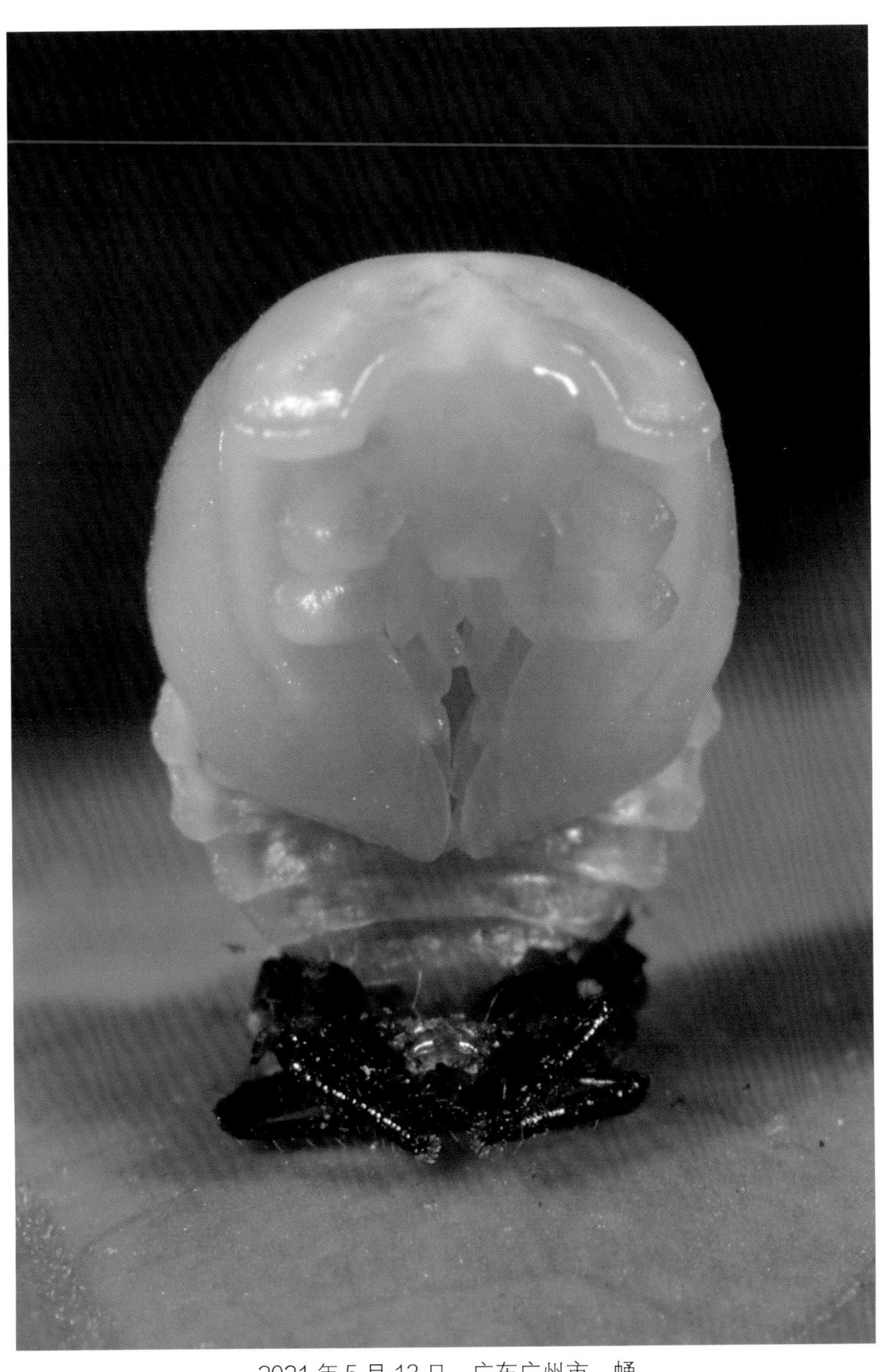

2021 年 5 月 13 日，广东广州市，蛹

2020 年 7 月 26 日，江苏句容市

2020 年 7 月 26 日，江苏句容市

2015 年 10 月 23 日，云南施甸县

2015 年 10 月 23 日，云南施甸县

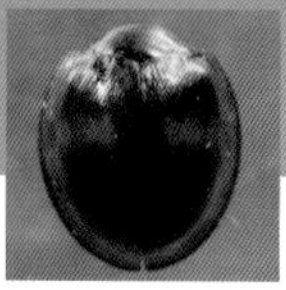

(73) 孪斑唇瓢虫 *Chilocorus geminus* Zaslavskij

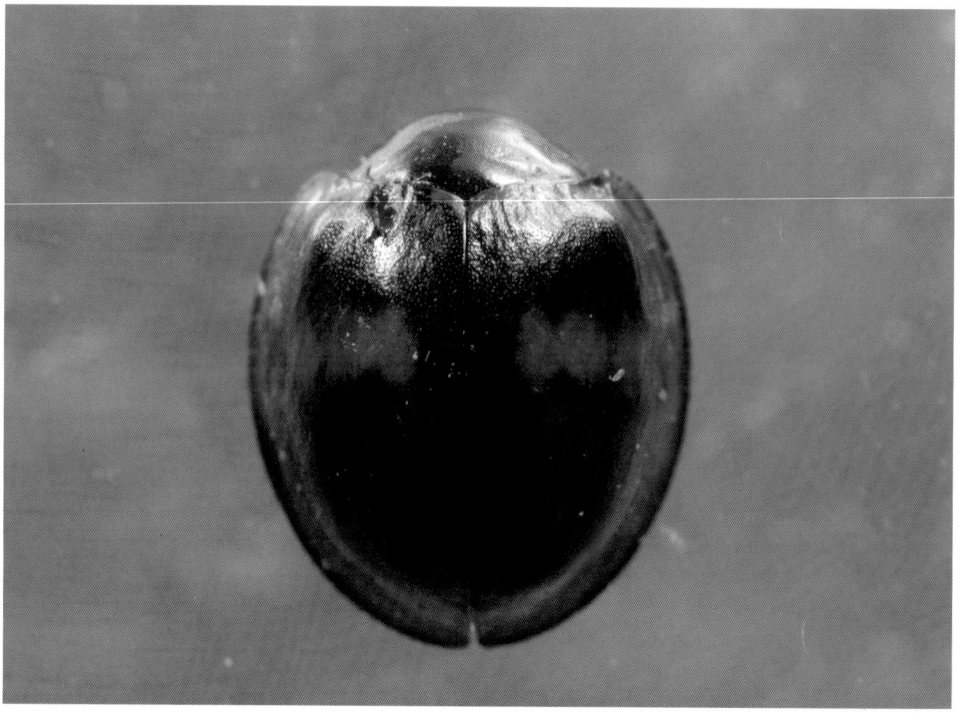

2020 年 11 月 12 日，新疆且末县托盖苏拉克村

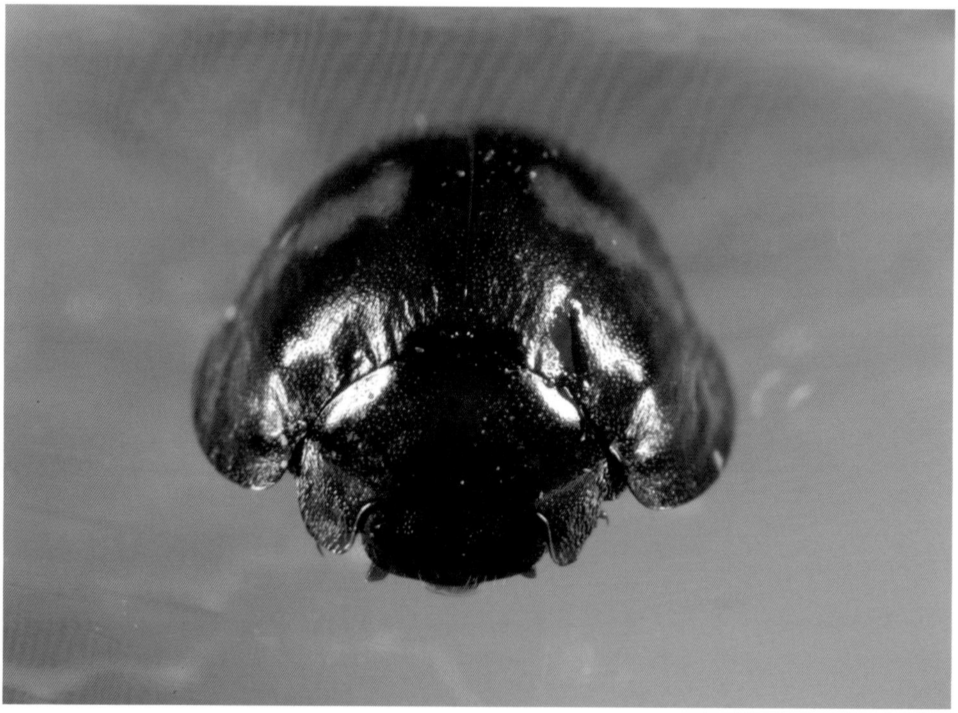

2020 年 11 月 12 日，新疆且末县托盖苏拉克村

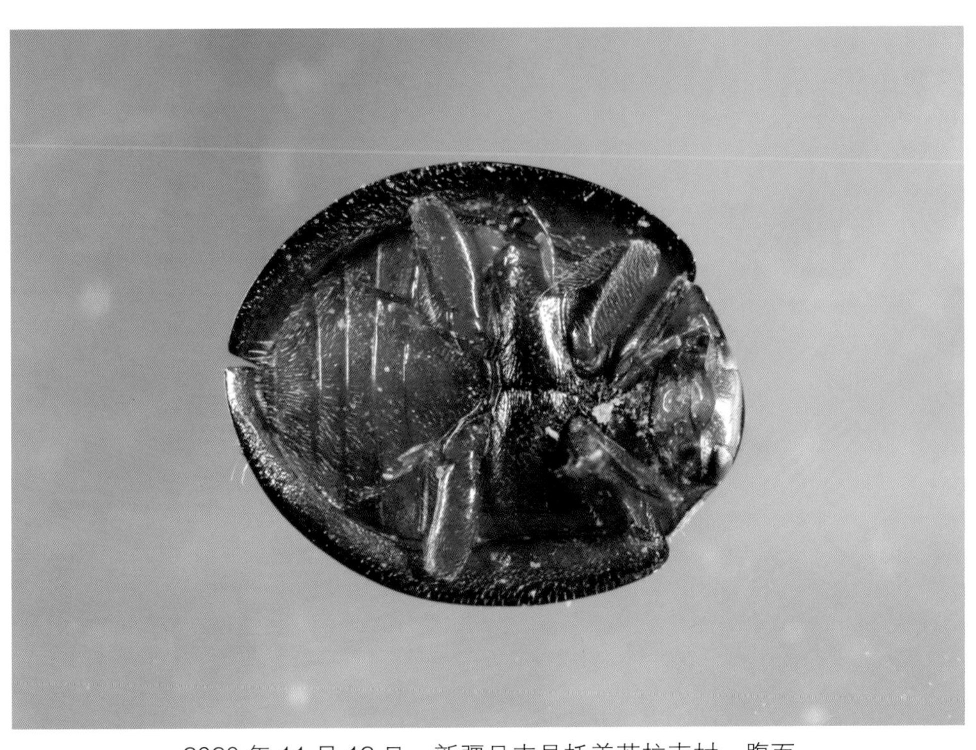

2020 年 11 月 12 日，新疆且末县托盖苏拉克村，腹面

2020 年 11 月 12 日，新疆且末县托盖苏拉克村，蛹

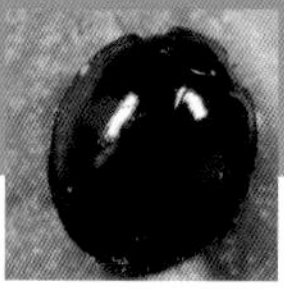

(74) 红点唇瓢虫 *Chilocorus kuwanae* Silvestri

2019 年 7 月 13 日，天津宝坻区

2019 年 7 月 13 日，天津宝坻区

75 黑缘红瓢虫 *Chilocorus rubidus* Hope

2020 年 8 月 30 日，北京怀柔区

2020 年 8 月 30 日，北京怀柔区

2020 年 8 月 30 日，北京怀柔区

2020 年 8 月 30 日，北京怀柔区

2020 年 8 月 30 日，北京怀柔区

2020 年 8 月 30 日，北京怀柔区

2015 年 5 月 9 日，天津宝坻区，幼虫

2015 年 5 月 9 日，天津宝坻区，幼虫

2015年5月9日，天津宝坻区，幼虫

2015年5月9日，天津宝坻区，蛹

2015 年 5 月 9 日，天津宝坻区，蛹

2008 年 5 月 10 日，山东泰安市，蛹

(76) 七星瓢虫 *Coccinella septempunctata* Linnaeus

2022 年 5 月 19 日，北京昌平区黄花峪

2022 年 5 月 19 日，北京昌平区黄花峪

2022 年 8 月 13 日，北京怀柔区城市森林公园

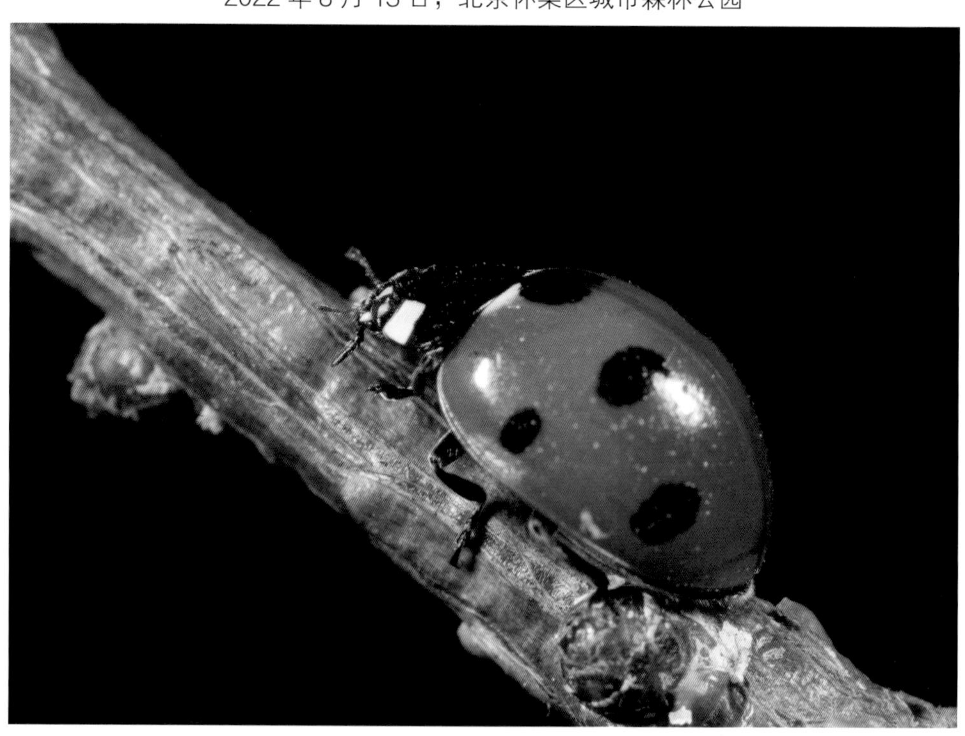

2018 年 9 月 6 日，北京房山区蒲洼乡

2022 年 8 月 9 日，内蒙古锡林浩特市

2015 年 6 月 18 日，吉林长白山

2006 年 7 月 4 日，新疆阜康市

2006 年 7 月 4 日，新疆阜康市

2017 年 3 月 10 日，云南腾冲市

2015 年 5 月 2 日，天津宝坻区，幼虫

2022 年 5 月 14 日，北京昌平区沙河水库，幼虫

77 横斑瓢虫 *Coccinella transversoguttata* Faldermann

2022 年 7 月 13 日，内蒙古锡林浩特市

2022 年 7 月 13 日，内蒙古锡林浩特市

2022 年 7 月 13 日，内蒙古锡林浩特市

2022 年 7 月 13 日，内蒙古锡林浩特市

78 十一星瓢虫 *Coccinella undecimpunctata* Linnaeus

2018 年 7 月 19 日，西藏林芝市鲁朗牧场

2019 年 8 月 2 日，乌兹别克斯坦塔什干试验农场，棉花

(79) 中国双七瓢虫 *Coccinula sinensis* (Weise)

原鞘亚目
肉食亚目
多食亚目
水龟总科
金龟总科
隐翅虫总科
丸甲总科
叩甲总科
吉丁总科
郭公甲总科
瓢虫总科
瓢虫科 >
拟步甲总科
扁甲总科

2022 年 7 月 13 日，内蒙古锡林浩特市

2022 年 7 月 13 日，内蒙古锡林浩特市

2022 年 8 月 24 日，内蒙古锡林浩特市

2022 年 7 月 13 日，内蒙古锡林浩特市

2022 年 6 月 18 日，北京怀柔区黄花城

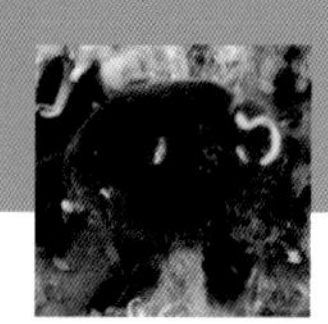

⑧⓪ 孟氏隐唇瓢虫 *Cryptolaemus montrouzieri* Mulsant

2008 年 12 月 16 日，广东广州市

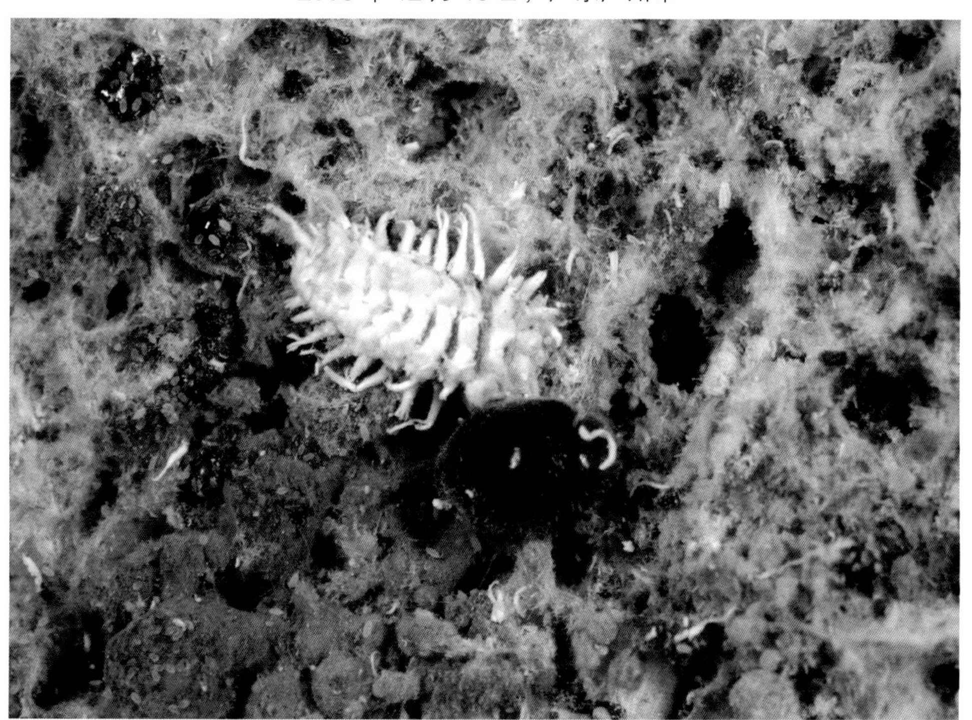

2008 年 12 月 16 日，广东广州市

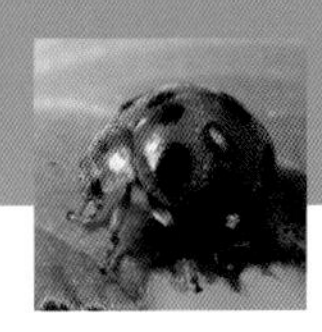

81 瓜茄瓢虫 *Epilachna admirabilis* Crotch

2020 年 7 月 27 日，江苏扬州市

2020 年 7 月 27 日，江苏扬州市

2020 年 7 月 27 日，江苏扬州市

(82) 菱斑食植瓢虫 *Epilachna insignis* Gorham

原鞘亚目
肉食亚目
多食亚目
水龟总科
金龟总科
隐翅虫总科
丸甲总科
叩甲总科
吉丁总科
郭公甲总科
瓢虫总科
瓢虫科 >
拟步甲总科
扁甲总科

2013 年 9 月 7 日，北京海淀区中国林业科学研究院

2013 年 9 月 7 日，北京海淀区中国林业科学研究院

2013 年 9 月 7 日，北京海淀区中国林业科学研究院

2013 年 9 月 7 日，北京海淀区中国林业科学研究院

2013 年 9 月 7 日，北京海淀区中国林业科学研究院，幼虫

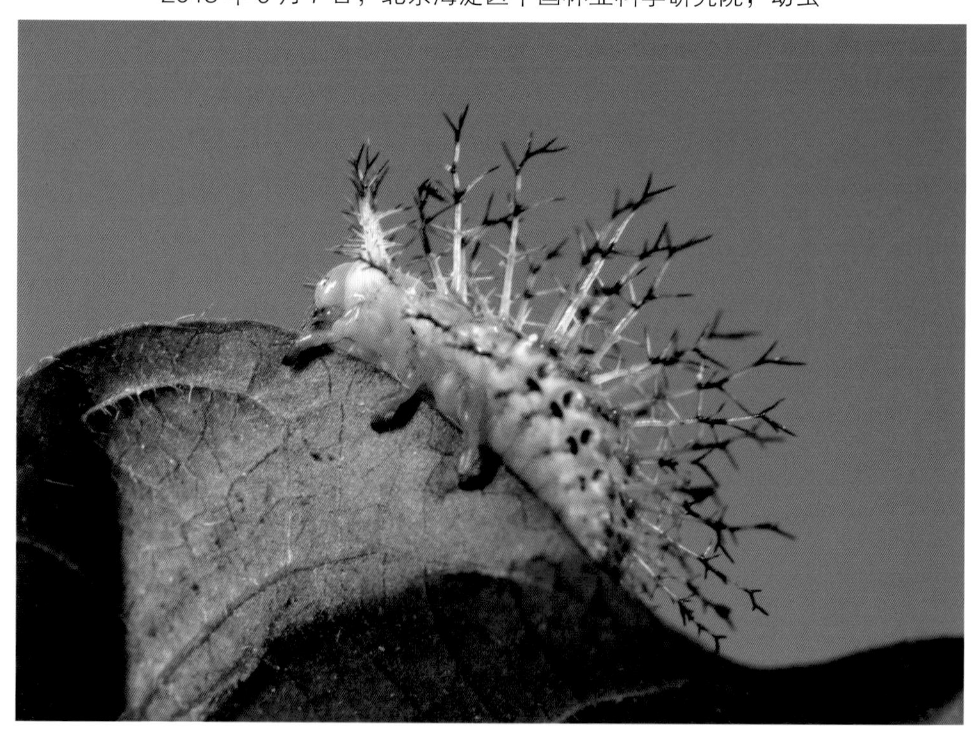

2013 年 9 月 7 日，北京海淀区中国林业科学研究院，幼虫

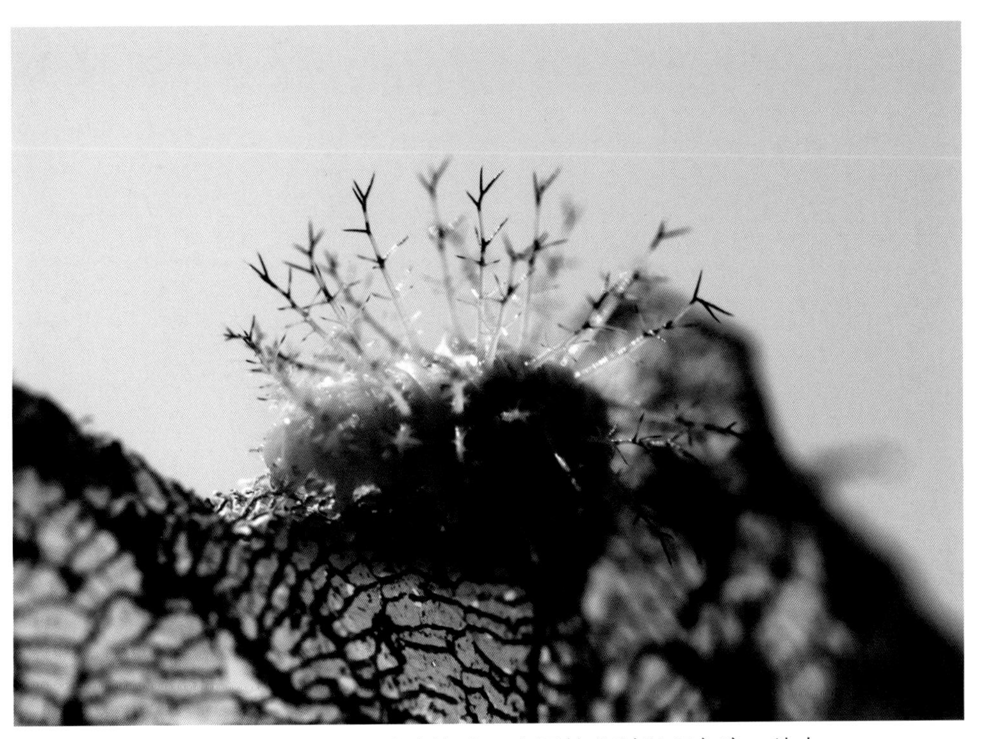

2013 年 9 月 7 日，北京海淀区中国林业科学研究院，幼虫

2013 年 9 月 7 日，北京海淀区中国林业科学研究院，幼虫

2013年9月7日，北京海淀区中国林业科学研究院，幼虫

2013年9月7日，北京海淀区中国林业科学研究院，幼虫

2013 年 9 月 7 日，北京海淀区中国林业科学研究院，蛹

2013 年 9 月 7 日，北京海淀区中国林业科学研究院，蛹

⑧③ 异色瓢虫 *Harmonia axyridis* (Pallas)

2020 年 5 月 31 日，北京昌平区沙河水库

2020 年 5 月 31 日，北京昌平区沙河水库

2020 年 5 月 31 日，北京昌平区沙河水库

2022 年 5 月 30 日，北京朝阳区大屯路

2006 年 5 月 3 日，河北乐亭县前葛庄

2014 年 9 月 2 日，宁夏中宁县

2021 年 4 月 9 日，山东东营市

2020 年 5 月 31 日，北京昌平区沙河水库

2020 年 5 月 31 日，北京昌平区沙河水库

2020 年 5 月 2 日，北京昌平区王家园，桃树

2020 年 5 月 31 日，北京昌平区沙河水库

2021 年 4 月 9 日，山东东营市

2018 年 7 月 18 日，西藏林芝市

2022 年 4 月 2 日，北京丰台区

2020 年 5 月 31 日，北京昌平区沙河水库

2020 年 5 月 31 日，北京昌平区沙河水库

2015 年 8 月 16 日，黑龙江同江市

2018 年 7 月 18 日，西藏林芝市

2018 年 4 月 10 日，天津宝坻区

2019 年 5 月 2 日，天津宝坻区

2014 年 7 月 14 日，波兰弗罗茨瓦夫

2022 年 5 月 29 日，北京朝阳区奥林匹克森林公园

2022 年 5 月 29 日，北京朝阳区奥林匹克森林公园

2022 年 4 月 2 日，北京丰台区

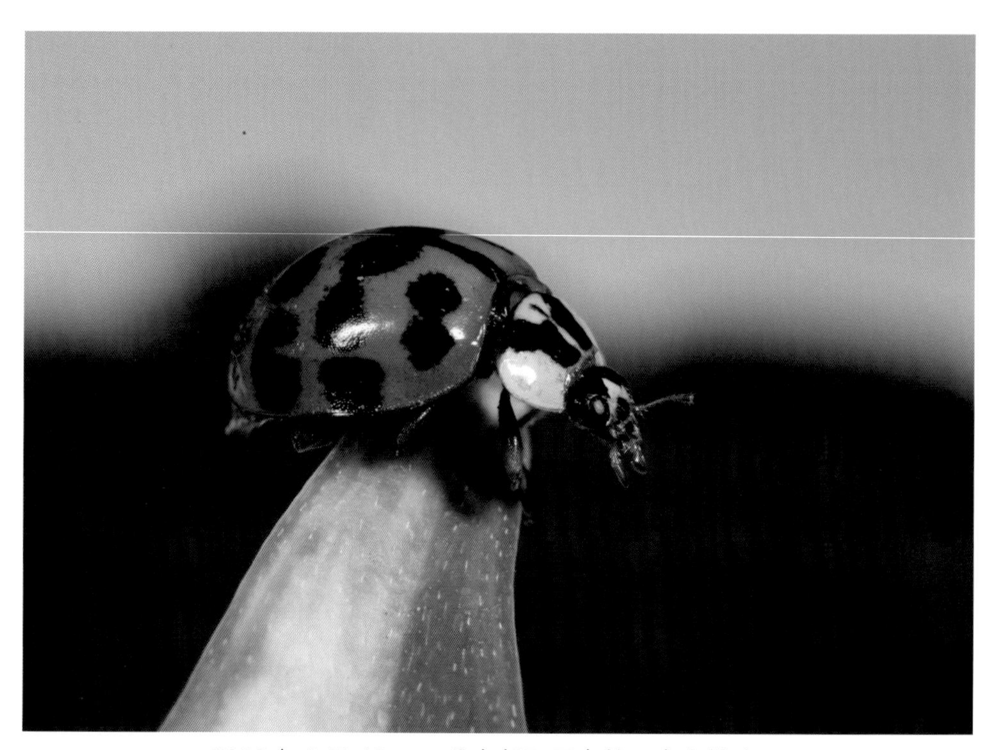

2020 年 5 月 13 日，北京朝阳区奥林匹克森林公园

2020 年 5 月 13 日，北京朝阳区奥林匹克森林公园

2020 年 7 月 14 日，北京朝阳区奥林匹克森林公园

2020 年 7 月 14 日，北京朝阳区奥林匹克森林公园

2015 年 6 月 17 日，吉林长白山

2015 年 6 月 17 日，吉林长白山

2014 年 5 月 11 日，北京海淀区温泉

2014 年 5 月 11 日，北京海淀区温泉

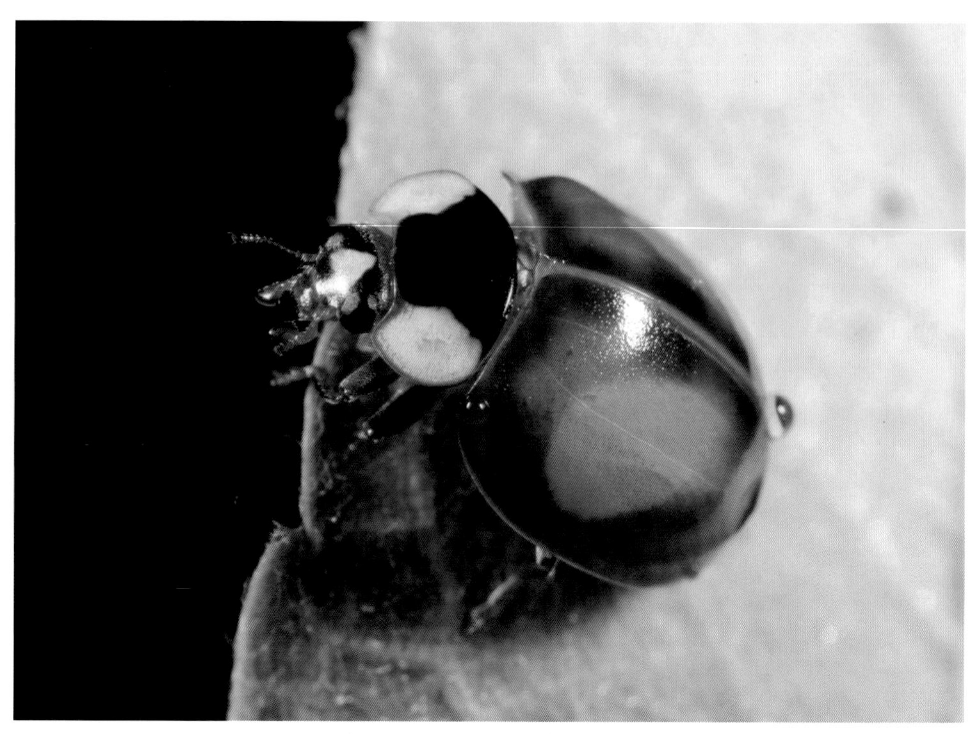

2014 年 5 月 11 日，北京海淀区温泉

2014 年 5 月 11 日，北京海淀区温泉

2020 年 5 月 31 日，北京昌平区沙河水库

2020 年 5 月 31 日，北京昌平区沙河水库

2022 年 4 月 2 日，北京丰台区

2022 年 4 月 2 日，北京丰台区

2022 年 8 月 17 日，山东长岛县

2010 年 9 月 22 日，河北乐亭县

2019 年 4 月 6 日，天津宝坻区京津新城

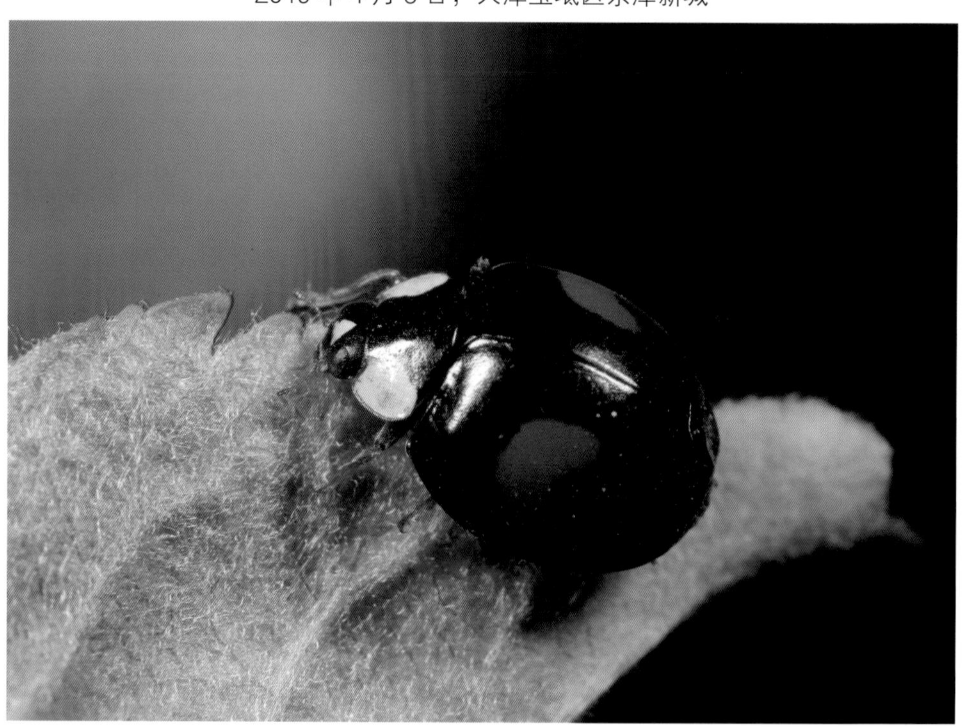

2019 年 4 月 6 日，天津宝坻区

2015 年 5 月 2 日，天津宝坻区

2022 年 8 月 13 日，北京怀柔区城市森林公园

2022 年 8 月 13 日，北京怀柔区城市森林公园

2022 年 8 月 13 日，北京怀柔区城市森林公园

2020 年 6 月 13 日，北京怀柔区

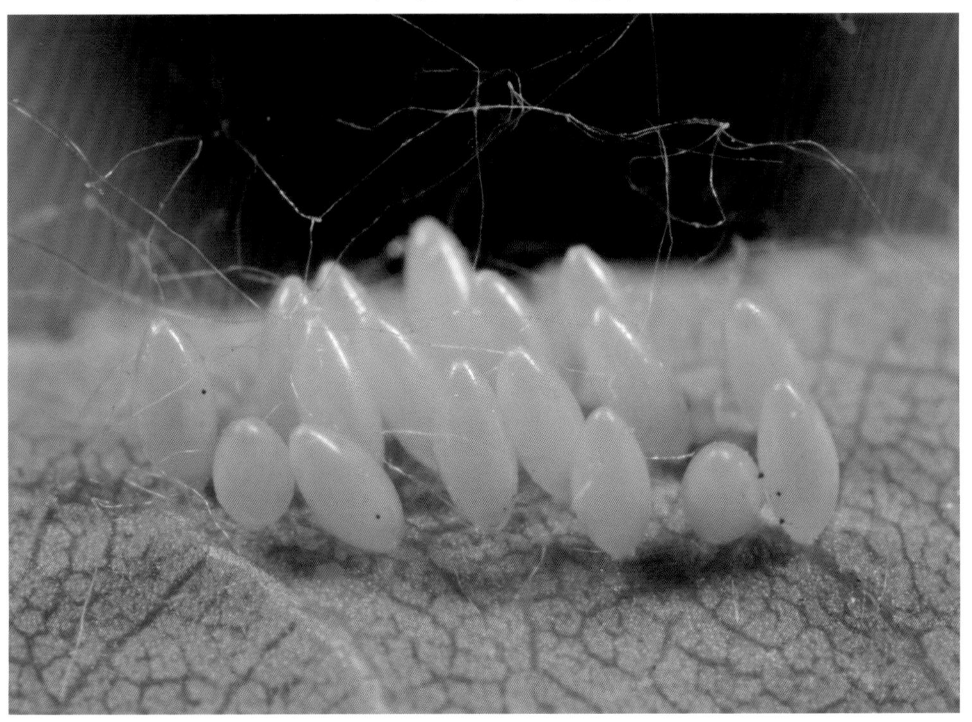

2020 年 5 月 2 日，北京昌平区王家园，卵

2022 年 6 月 4 日，北京密云区大城子，卵

2022 年 6 月 4 日，北京密云区大城子，卵

2020 年 5 月 3 日，北京朝阳区大屯路，幼虫

2022 年 9 月 15 日，北京昌平区马池口，幼虫

2019 年 6 月 22 日，北京平谷区诺亚农庄，幼虫

2020 年 5 月 13 日，北京朝阳区奥林匹克森林公园，幼虫

2021 年 6 月 6 日，北京朝阳区奥林匹克森林公园，幼虫

2020 年 5 月 10 日，天津宝坻区，幼虫

2022 年 5 月 28 日，北京怀柔区雁栖湖，幼虫

2020 年 5 月 10 日，天津宝坻区，幼虫

2022 年 5 月 13 日，北京朝阳区奥林匹克森林公园，幼虫

2019 年 6 月 22 日，北京平谷区诺亚农庄，幼虫

2022 年 5 月 13 日，北京朝阳区奥林匹克森林公园，蛹

2022 年 5 月 13 日，北京朝阳区奥林匹克森林公园，蛹

2020 年 7 月 16 日，北京朝阳区奥林匹克森林公园，蛹

2020 年 7 月 16 日，北京朝阳区奥林匹克森林公园，蛹

2021 年 6 月 6 日，北京朝阳区奥林匹克森林公园，蛹

2014 年 10 月 6 日，北京海淀区上庄水库，蛹

84 奇斑瓢虫 *Harmonia eucharis* (Mulsant)

2018 年 7 月 18 日，西藏林芝市

2018 年 7 月 18 日，西藏林芝市

2018 年 7 月 18 日，西藏林芝市

2018 年 7 月 18 日，西藏林芝市，幼虫

85 马铃薯瓢虫 *Henosepilachna vigintioctomaculata* (Motschulsky)

2015 年 8 月 16 日，黑龙江同江市

2015 年 8 月 16 日，黑龙江同江市

2015 年 8 月 16 日，黑龙江同江市

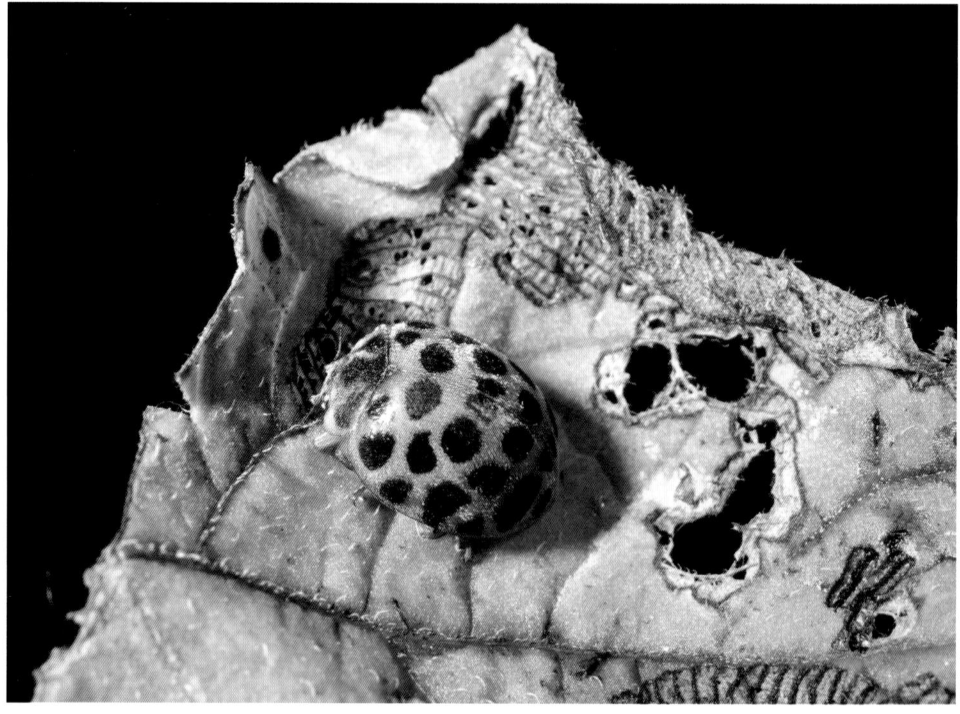

2013 年 7 月 27 日，吉林珲春市

2013 年 7 月 27 日，吉林珲春市

2013 年 7 月 27 日，吉林珲春市

2013 年 7 月 27 日，吉林珲春市，危害状

2013 年 7 月 27 日，吉林珲春市，危害状

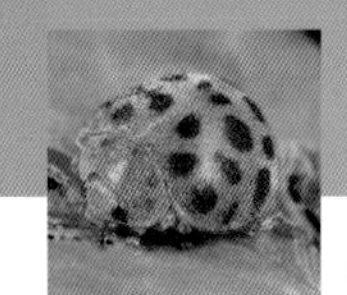

86 茄二十八星瓢虫 *Henosepilachna vigintioctopunctata* (Fabricius)

2018 年 8 月 29 日，北京延庆区松山，龙葵

2018 年 8 月 29 日，北京延庆区松山，龙葵

2022 年 8 月 10 日，北京朝阳区大屯路，龙葵

2022 年 8 月 10 日，北京朝阳区大屯路，龙葵

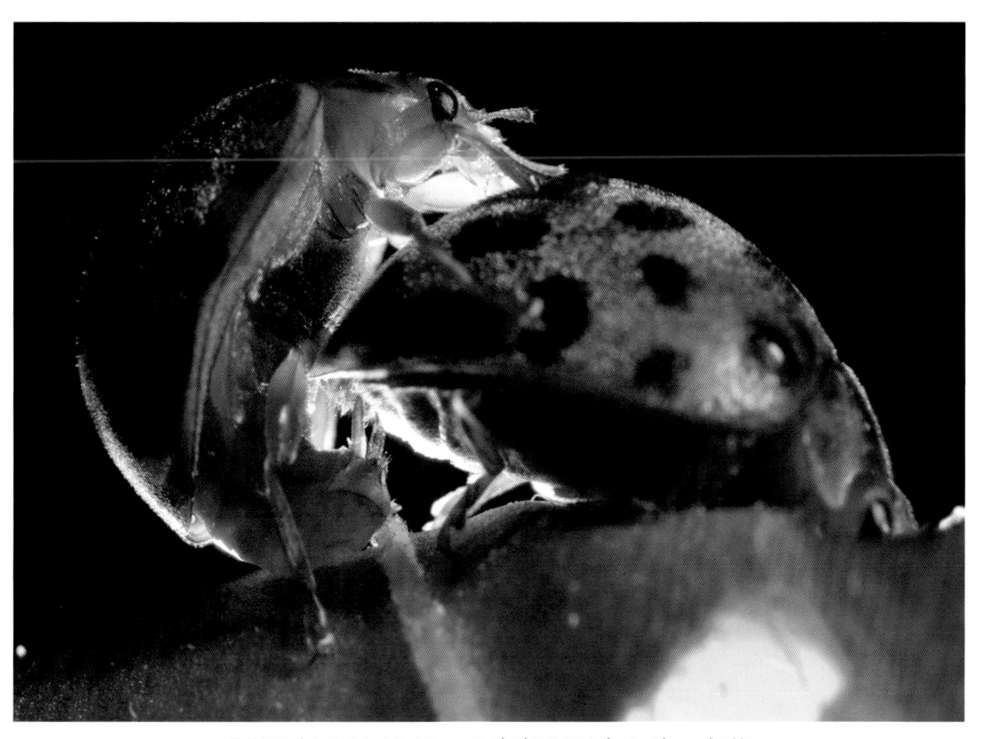

2022 年 8 月 10 日，北京朝阳区大屯路，龙葵

2020 年 7 月 18 日，天津宝坻区，茄子

2020 年 7 月 18 日，天津宝坻区，卵，茄子

2020 年 7 月 18 日，天津宝坻区，卵，茄子

2020 年 7 月 18 日，天津宝坻区，卵，茄子

2020 年 7 月 18 日，天津宝坻区，卵，茄子

2022 年 8 月 10 日，北京朝阳区大屯路，龙葵

2022 年 8 月 10 日，北京朝阳区大屯路，龙葵

2022 年 7 月 24 日，天津宝坻区，幼虫，茄子，危害状

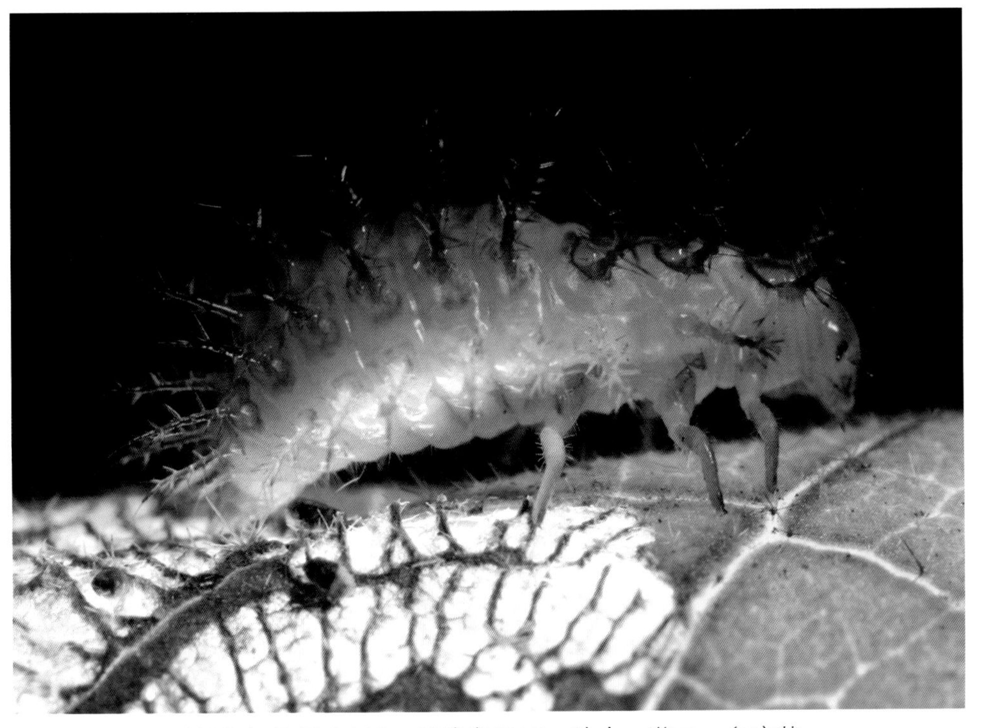
2022 年 7 月 24 日，天津宝坻区，幼虫，茄子，危害状

2022 年 7 月 24 日，天津宝坻区，幼虫，茄子，危害状

2022 年 7 月 24 日，天津宝坻区，幼虫，茄子，危害状

87 多异瓢虫 *Hippodamia variegata* (Goeze)

2022 年 6 月 18 日，北京怀柔区黄花城

2022 年 6 月 18 日，北京怀柔区黄花城

2022 年 6 月 18 日，北京怀柔区黄花城

2021 年 6 月 18 日，内蒙古锡林浩特市

2022 年 8 月 24 日，内蒙古锡林浩特市

2022 年 8 月 24 日，内蒙古锡林浩特市

2020 年 6 月 10 日，四川理县

2020 年 6 月 10 日，四川理县

2001 年 7 月 27 日，甘肃酒泉市

88 狭叶素菌瓢虫 *Illeis confusa* Timberlake

2020 年 10 月 15 日，云南玉溪市

2020 年 10 月 15 日，云南玉溪市

2020 年 10 月 15 日，云南玉溪市

2020 年 10 月 15 日，云南玉溪市

89 稻红瓢虫 *Micraspis discolor* (Fabricius)

2019 年 4 月 11 日，海南三亚市

⑩ 菱斑巧瓢虫 *Oenopia conglobata* (Linnaeus)

2022 年 4 月 2 日，北京丰台区，柏树

2022 年 4 月 2 日，北京丰台区，柏树

2022 年 4 月 2 日，北京丰台区，柏树

2022 年 4 月 1 日，北京丰台区，柏树

91 龙斑巧瓢虫 *Oenopia dracoguttata* Jing

2018 年 7 月 18 日，西藏林芝市

⑨② 黄足光瓢虫 *Parexochomus nigromaculatus* (Goeze)

2019 年 7 月 25 日，乌兹别克斯坦塔什干

2019 年 7 月 25 日，乌兹别克斯坦塔什干

⑨③ 龟纹瓢虫 *Propylea japonica* (Thunberg)

2013年8月27日，北京顺义区

2022年5月17日，北京朝阳区大屯路

2019 年 9 月 22 日，天津宝坻区

2015 年 8 月 17 日，黑龙江集贤县，幼虫

㉔ 二十二星菌瓢虫 *Psyllobora vigintiduopunctata* (Linnaeus)

2022 年 8 月 24 日，内蒙古锡林浩特市

2022 年 8 月 24 日，内蒙古锡林浩特市

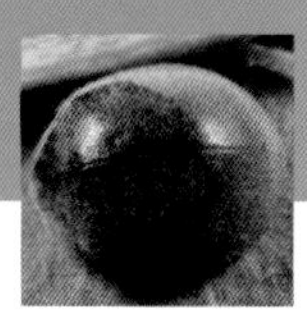

㊵ 暗红瓢虫 *Rodolia concolor* (Lewis)

2020 年 6 月 26 日，北京平谷区黄松峪水库，板栗

2020 年 6 月 26 日，北京平谷区黄松峪水库，板栗

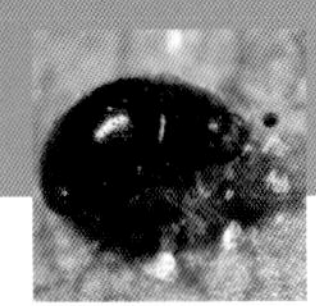

⑯ 深点食螨瓢虫 *Stethorus punctillum* Weise

2021 年 8 月 5 日，北京朝阳区大屯路，碧桃

2021 年 8 月 5 日，北京朝阳区大屯路，碧桃

2021 年 8 月 5 日，北京朝阳区大屯路，幼虫，碧桃

2021 年 8 月 5 日，北京朝阳区大屯路，幼虫，碧桃

2021 年 8 月 5 日，北京朝阳区大屯路，幼虫，碧桃

2021 年 8 月 5 日，北京朝阳区大屯路，幼虫，碧桃

97 十二斑褐菌瓢虫 *Vibidia duodecimguttata* (Poda)

2022 年 5 月 29 日，北京朝阳区奥林匹克森林公园

2022 年 5 月 29 日，北京朝阳区奥林匹克森林公园

2020 年 7 月 14 日，北京朝阳区大屯路

2019 年 8 月 21 日，北京怀柔区

2021 年 8 月 13 日，北京顺义区

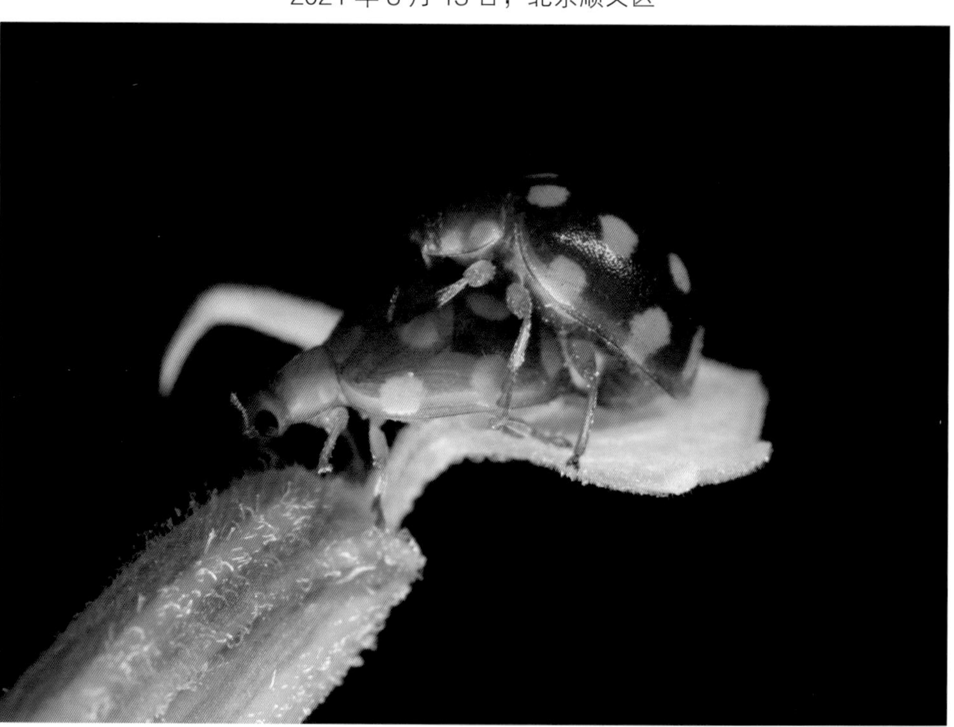

2021 年 8 月 14 日，北京朝阳区奥林匹克森林公园

2021 年 8 月 14 日，北京朝阳区奥林匹克森林公园，卵

2021 年 8 月 14 日，北京朝阳区奥林匹克森林公园，卵

2020 年 7 月 14 日，北京朝阳区大屯路，幼虫

2020 年 7 月 14 日，北京朝阳区大屯路，幼虫

2020 年 7 月 14 日，北京朝阳区大屯路，幼虫

2020 年 7 月 14 日，北京朝阳区大屯路，幼虫

98 尖尾花蚤 *Mordella aculeata* Linnaeus

2022 年 5 月 2 日，北京密云区，黄栌

⑨⑨ 细瘦长足甲 *Adesmia* (Adesmia) *jugalis gracilenta* Reitter

2011 年 10 月 6 日，塔吉克斯坦苦盏

2011 年 10 月 6 日，塔吉克斯坦苦盏

⑩⑩ 尖尾东鳖甲 *Anatolica mucronata* Reitter

2019 年 4 月 6 日，内蒙古达拉特旗库布齐

2019 年 4 月 6 日，内蒙古达拉特旗库布齐

2019 年 4 月 6 日，内蒙古达拉特旗库布齐

2019 年 4 月 6 日，内蒙古达拉特旗库布齐

⑩ 黑角栉甲 *Cteniopinus nigricornis* Borchmann

2022 年 6 月 18 日，北京怀柔区黄花城

2022 年 6 月 18 日，北京怀柔区黄花城

2022 年 6 月 18 日，北京怀柔区黄花城

2022 年 6 月 18 日，北京怀柔区黄花城

⑩ 污背土甲 *Gonocephalum* (Gonocephalum) *coenosum* Kaszab

2022 年 9 月 19 日，北京东城区

2022 年 9 月 19 日，北京东城区

2022 年 9 月 19 日，北京东城区

2022 年 9 月 19 日，北京东城区

2022 年 9 月 19 日，北京东城区

2022 年 9 月 19 日，北京东城区

⑩3 类沙土甲 *Gonocephalum* (Opatrum) *subaratum* Faldermann

2012 年 7 月 26 日，河北乐亭县

104 黑胸伪叶甲 *Lagria* (Lagria) *nigricollis* Hope

2021 年 8 月 22 日，北京朝阳区奥林匹克森林公园

2021 年 8 月 8 日，北京朝阳区奥林匹克森林公园

2021 年 8 月 8 日，北京朝阳区奥林匹克森林公园

2021 年 9 月 26 日，江西南昌市

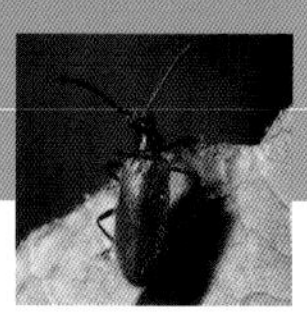

⑩⑤ 红翅伪叶甲 *Lagria* (Lagria) *rufipennis* Marseul

2020 年 7 月 27 日，江苏扬州市

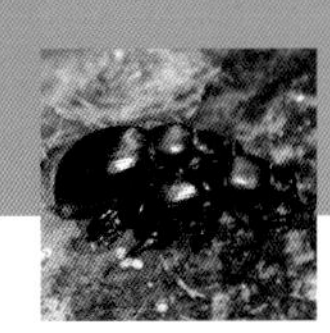

⑩⑥ 阔背迷甲 *Misolampidius tentyrioides* Solsky

2005 年 10 月 20 日，韩国济州岛

⑩⑦ 隐纹帕朽木甲 *Paracistela* sp.

2018 年 7 月 18 日，西藏林芝市

2018 年 7 月 18 日，西藏林芝市

2018 年 7 月 18 日，西藏林芝市

2018 年 7 月 18 日，西藏林芝市

⑩⑧ 中型邻烁甲 *Plesiophthalmus spectabilis* Harold

2016 年 6 月 23 日，北京大兴区庞各庄

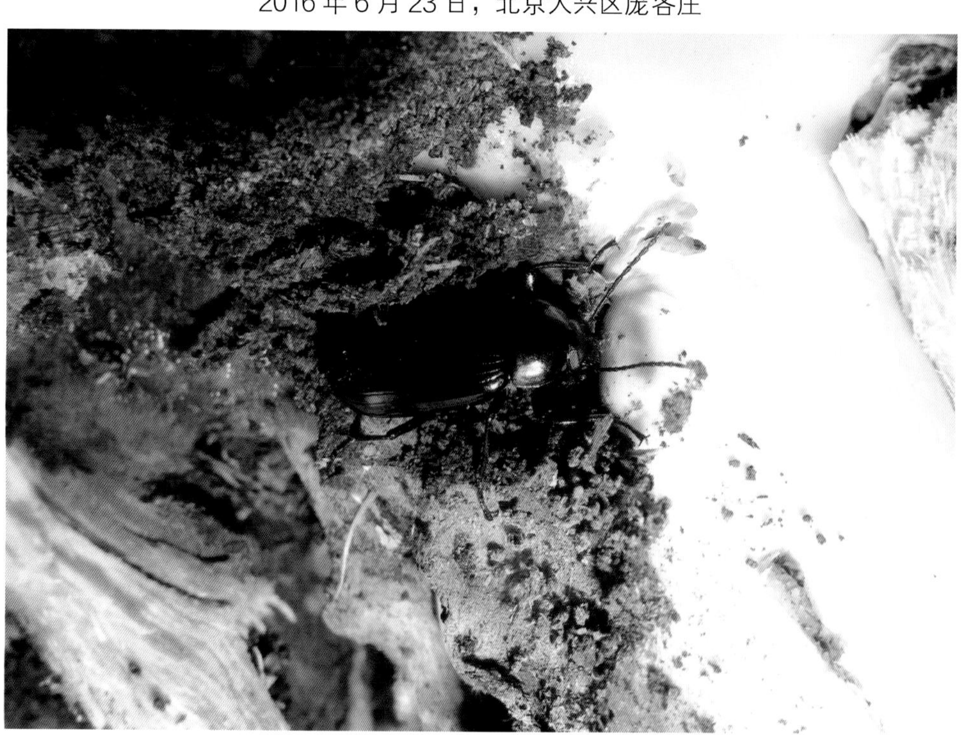
2016 年 6 月 23 日，北京大兴区庞各庄

⑩⑨ 苏氏宽漠甲 *Sternoplax* (Mesosternoplax) *souvorowiana* Reitter

2006 年 7 月 5 日，新疆吐鲁番市交河故城

⑪⓪ 红背丽拟天牛 *Sparedrus* sp.

2021 年 8 月 8 日，北京延庆区四海镇

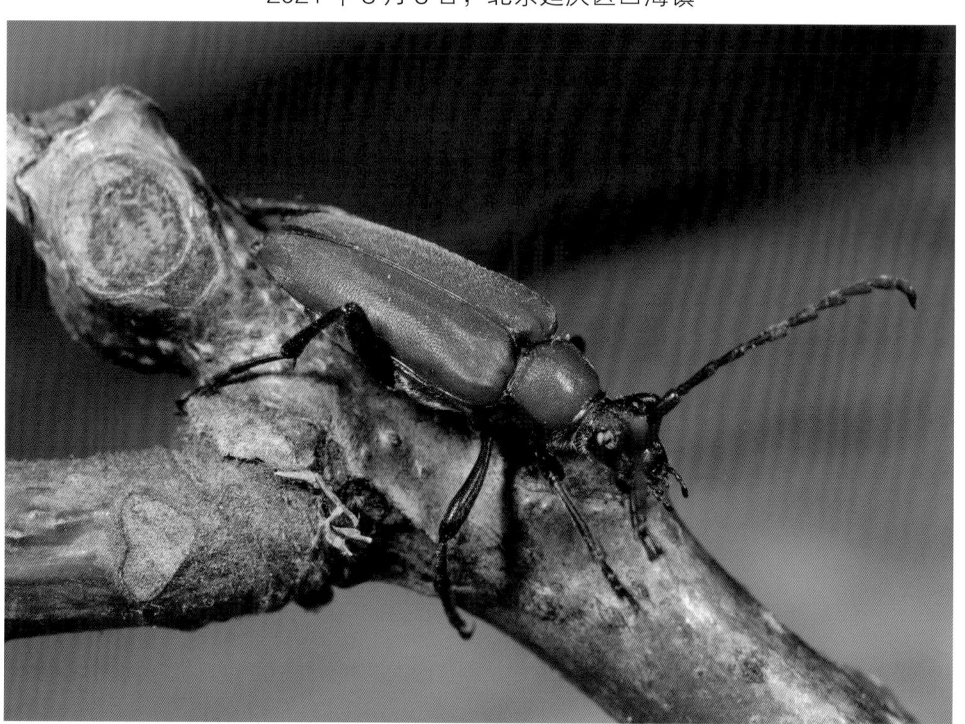

2021 年 8 月 8 日，北京延庆区四海镇

2021 年 8 月 8 日，北京延庆区四海镇

2021 年 8 月 8 日，北京延庆区四海镇

2021 年 8 月 8 日，北京延庆区四海镇

2021 年 8 月 8 日，北京延庆区四海镇

⑪ 红头豆芫菁 *Epicauta ruficeps* Illiger

2013 年 8 月 8 日，内蒙古锡林郭勒盟

2013 年 8 月 8 日，内蒙古锡林郭勒盟

2013 年 8 月 8 日，内蒙古锡林郭勒盟

2013 年 8 月 8 日，内蒙古锡林郭勒盟

⑫ 西北豆芫菁 *Epicauta sibirica* (Pallas)

2021 年 6 月 17 日，内蒙古锡林浩特市

2021 年 6 月 17 日，内蒙古锡林浩特市

2021 年 6 月 18 日，内蒙古锡林浩特市

2021 年 6 月 18 日，内蒙古锡林浩特市

⑪③ 宽纹豆芫菁 *Epicauta waterhousei* (Haag-Rutenberg)

2015 年 5 月 12 日，广西南宁市

2015 年 5 月 12 日，广西南宁市

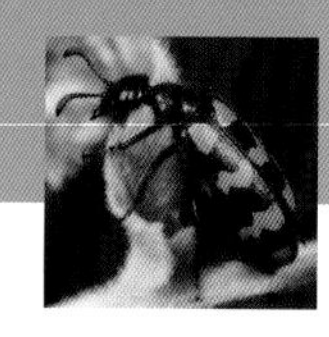

⑭ 小花沟芫菁 *Hycleus atratus* (Pallas)

2019 年 7 月 29 日，乌兹别克斯坦撒马尔罕

2019 年 7 月 29 日，乌兹别克斯坦撒马尔罕

⑪⑤ 绿芫菁 *Lytta* (Lytta) *caraganae* (Pallas)

2022 年 6 月 19 日，内蒙古锡林浩特市

2022 年 6 月 19 日，内蒙古锡林浩特市

2022 年 6 月 19 日，内蒙古锡林浩特市

2022 年 6 月 19 日，内蒙古锡林浩特市

2022 年 6 月 19 日，内蒙古锡林浩特市

2022 年 6 月 19 日，内蒙古锡林浩特市

2022 年 6 月 19 日，内蒙古锡林浩特市

2022 年 6 月 19 日，内蒙古锡林浩特市

⑯ 四星栉芫菁 *Megatrachelus politus* (Gebler)

2022 年 8 月 9 日，内蒙古锡林浩特市

2022 年 8 月 9 日，内蒙古锡林浩特市

2022 年 8 月 9 日，内蒙古锡林浩特市

2022 年 8 月 9 日，内蒙古锡林浩特市

2022 年 8 月 9 日，内蒙古锡林浩特市

⑪ 蒙古斑芫菁 *Mylabris* (Chalcabris) *mongolica* (Dokhtouroff)

2022 年 6 月 19 日，内蒙古锡林浩特市

2022 年 6 月 19 日，内蒙古锡林浩特市

2022 年 6 月 19 日，内蒙古锡林浩特市

2022 年 6 月 19 日，内蒙古锡林浩特市

⑪⑧ 圆点斑芫菁 *Mylabris* (Eumylabris) *aulica* Ménétriés

2022 年 7 月 13 日，内蒙古锡林浩特市

2022 年 7 月 13 日，内蒙古锡林浩特市

2022 年 7 月 13 日，内蒙古锡林浩特市

2022 年 7 月 13 日，内蒙古锡林浩特市

2013 年 8 月 8 日，内蒙古锡林郭勒盟

2013 年 8 月 8 日，内蒙古锡林郭勒盟

2013 年 8 月 8 日，内蒙古锡林郭勒盟

⑪⑨ 四点斑芫菁 *Mylabris* (Mylabris) *quadripunctata* (Linnaeus)

2018 年 6 月 18 日，吉尔吉斯斯坦比什凯克

2019 年 7 月 31 日，乌兹别克斯坦塔什干

2019 年 7 月 31 日，乌兹别克斯坦塔什干

2019 年 7 月 31 日，乌兹别克斯坦塔什干

⑫⓪ 一角甲 *Notoxus monoceros* (Linnaeus)

2021 年 8 月 18 日，内蒙古锡林浩特市

2021 年 8 月 18 日，内蒙古锡林浩特市

2021 年 8 月 18 日，内蒙古锡林浩特市

2021 年 8 月 18 日，内蒙古锡林浩特市

2021 年 8 月 18 日，内蒙古锡林浩特市

2021 年 8 月 18 日，内蒙古锡林浩特市

2021 年 8 月 18 日，内蒙古锡林浩特市

2021 年 8 月 18 日，内蒙古锡林浩特市

2021 年 8 月 18 日，内蒙古锡林浩特市

⑫ 酱曲露尾甲 *Carpophilus hemipterus* (Linnaeus)

2022 年 5 月 10 日，辽宁铁岭市，玉米

2022 年 5 月 10 日，辽宁铁岭市，玉米

2022 年 5 月 10 日，辽宁铁岭市，玉米

2022 年 5 月 10 日，辽宁铁岭市，玉米

⑫ 访花露尾甲 *Meligethinae* sp.

2021 年 4 月 7 日，北京昌平区沙河水库，二月兰

2021 年 4 月 7 日，北京昌平区沙河水库，二月兰

⑫③ 光亮姬花甲 *Stilbus* sp.

2020 年 5 月 4 日，北京延庆区四海镇，蒲公英

2020 年 5 月 4 日，北京延庆区四海镇，蒲公英

中文名称索引

A

B

C

D

E

F

G

H

J

K

L

M

P

Q

S

T

W

X

Y

Z

学名索引

M

N

O

P

Q

R

S

T

V